鸿蒙原生应用开发

ArkTS语言快速上手

刘玥 张荣超 ◎ 著

人 民 邮 电 出 版 社

北 京

图书在版编目（C I P）数据

鸿蒙原生应用开发 : ArkTS语言快速上手 / 刘玥，张荣超著. -- 北京 : 人民邮电出版社，2024.7
ISBN 978-7-115-64250-9

Ⅰ. ①鸿… Ⅱ. ①刘… ②张… Ⅲ. ①移动终端一应用程序一程序设计 Ⅳ. ①TN929.53

中国国家版本馆CIP数据核字(2024)第080467号

内 容 提 要

本书通过丰富的示例，以简明扼要的方式讲解了ArkTS语言的基础知识和核心概念，并介绍了数据操作、流程控制语句、函数、面向对象编程、空安全、错误处理、容器、泛型、导出和导入等内容。其中，“面向对象编程”这一章涉及一系列重要的概念，包括类、对象、封装、继承、多态、重写、抽象类和接口等，为此给出了一个小型的课务管理项目，以帮助读者理解这些概念。

本书适合希望快速上手ArkTS语言的初学者阅读。

◆ 著　　　刘 玥 张荣超
　责任编辑　吴晋瑜
　责任印制　王 郁 胡 南
◆ 人民邮电出版社出版发行　　北京市丰台区成寿寺路11号
　邮编 100164　电子邮件 315@ptpress.com.cn
　网址 https://www.ptpress.com.cn
　北京天宇星印刷厂印刷
◆ 开本：800×1000 1/16
　印张：13.25　　　2024年7月第1版
　字数：293千字　　2024年7月北京第1次印刷

定价：89.80元

读者服务热线：(010)81055410　印装质量热线：(010)81055316
反盗版热线：(010)81055315
广告经营许可证：京东市监广登字20170147号

作者简介

刘玥，九丘教育 CEO，曾在高校任教十余年，具有丰富的课堂教学经验，尤其擅长讲授程序设计、算法类课程。

张荣超，九丘教育教学总监、华为开发者专家（HDE）、华为首届 HarmonyOS 开发者创新大赛最佳导师、OpenHarmony 项目群技术指导委员会（TSC）委员。

前言

ArkTS 语言是目前鸿蒙原生应用开发的主力语言。ArkTS 在 TypeScript 的基础上进行了优化、限制和扩展，旨在提供更高的性能和更佳的开发效率。它不仅继承了 TypeScript 的强大功能和灵活性，还加入了针对鸿蒙特有场景的特性，使得开发者能够更便捷地开发鸿蒙原生应用。

在本书的编写过程中，我们深感 ArkTS 在推动鸿蒙生态发展中的重要作用。我们希望本书不仅能够传授技术知识，更能激发开发者对鸿蒙原生应用创新的热情，投入到探索和实现更多令人兴奋的应用场景中去。

无论您的目标是提升个人技能，还是在鸿蒙生态中留下自己的印记，我们相信，本书都将带给您一些启发和帮助。让我们一起开始这段探索 ArkTS 和鸿蒙无限可能的旅程。

为了确保读者能够顺利实操书中的示例，本书提供了相应的引导教学视频，欢迎广大读者关注抖音/微信视频号“九丘教育”获取视频教程和本书源代码。之后针对 ArkTS 的更新，我们会在第一时间通过抖音、微信视频号、微信公众号、B 站等平台持续同步更新相关内容（搜索“九丘教育”）。

另外，由于成书时间仓促以及作者水平有限，书中难免有疏漏，恳请各位读者批评、指正。欢迎各位读者通过本书发布的各种联系方式与作者交流。

感谢人民邮电出版社的傅道坤和吴晋瑜编辑为本书的顺利出版提供的鼎力支持和宝贵建议。最后，还要向广大读者表示衷心的感谢！

本书的组织结构

本书内容分为 10 章，各章的主要内容如下。

第 1 章 “起步”：主要介绍了第一个 ArkTS 程序的编写。

第 2 章 “简单的数据操作”：首先介绍了变量和常量的用法，然后介绍了常见的数据类型和常用的操作符，最后介绍了常用的数学函数。

第 3 章 “流程控制语句”：主要介绍了各种条件语句和循环语句。

第 4 章 “函数”：首先介绍了函数的定义和调用，然后介绍了函数的参数传递，最后介绍了箭头函数和闭包。

第 5 章 “面向对象编程”：首先介绍了类的定义和对象的创建，然后详细介绍了面向对象编程的三大特征——封装、继承和多态，最后介绍了抽象类和接口的用法。

第 6 章 “空安全”：首先介绍了什么是空安全，然后介绍了与空安全相关的特性，包括可选链、非空断言操作符和空值合并操作符。

第 7 章 “错误处理”：首先介绍了 try-catch-finally 语句，然后介绍了使用 throw 手动抛出内置错误类的对象和自定义错误类的对象。

第 8 章 “容器”：首先介绍了常见的高阶函数在数组中的用法，然后介绍了几种常见的容器类型——元组、Set、Map 和 Record。

第 9 章 “泛型”：首先介绍了泛型函数，然后介绍了泛型类和泛型接口这两种泛型类型。

第 10 章 “导出和导入”：首先介绍了顶层声明的默认可见性，然后介绍了顶层声明的导出和导入，最后介绍了导入 SDK 的开放能力。

本书读者对象

本书面向对 ArkTS 语言感兴趣的所有读者。本书包含丰富的示例，即使读者尚未接触过任何编程语言，也能在本书的指引下，逐步顺畅地掌握 ArkTS 语言的基础知识和核心概念。

资源与支持

资源获取

读者可以扫描下方二维码，根据指引领取异步社区 7 天 VIP 会员福利。

提交错误信息

作者和编辑尽最大努力来确保书中内容的准确性，但难免会存在疏漏。欢迎您将发现的问题反馈给我们，帮助我们提升图书的质量。

当您发现错误时，请登录异步社区（https://www.epubit.com），按书名搜索，进入本书页面，单击“发表勘误”，输入错误信息，单击“提交勘误”按钮即可（见下图）。本书的作者和编辑会对您提交的错误信息进行审核，确认并接受后，您将获赠异步社区的 100 积分。积分可用于在异步社区兑换优惠券、样书或奖品。

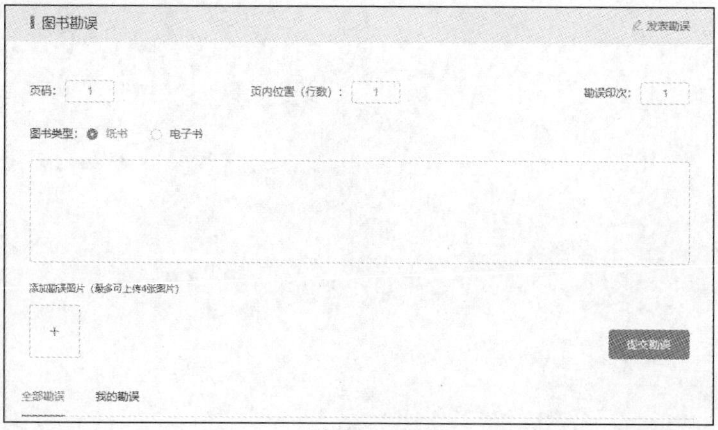

与我们联系

我们的联系邮箱是 wujinyu@ptpress.com.cn。

如果您对本书有任何疑问或建议，请您发邮件给我们，并请在邮件标题中注明本书书名，以便我们更高效地做出反馈。

如果您有兴趣出版图书、录制教学视频，或者参与图书翻译、技术审校等工作，可以发邮件给我们。

如果您所在的学校、培训机构或企业，想批量购买本书或异步社区出版的其他图书，也可以发邮件给我们。

如果您在网上发现有针对异步社区出品图书的各种形式的盗版行为，包括对图书全部或部分内容的非授权传播，请您将怀疑有侵权行为的链接发邮件给我们。您的这一举动是对作者权益的保护，也是我们持续为您提供有价值的内容的动力之源。

关于异步社区和异步图书

“异步社区”（www.epubit.com）是由人民邮电出版社创办的 IT 专业图书社区，于 2015 年 8 月上线运营，致力于优质内容的出版和分享，为读者提供高品质的学习内容，为作译者提供专业的出版服务，实现作者与读者在线交流互动，以及传统出版与数字出版的融合发展。

“异步图书”是异步社区策划出版的精品 IT 图书的品牌，依托于人民邮电出版社在计算机图书领域 40 余年的发展与积淀。异步图书面向 IT 行业以及各行业使用 IT 技术的用户。

目 录

第1章 起步

1

1.1 ArkTS 语言概述

ArkTS 是目前鸿蒙原生应用开发的主力语言。ArkTS 语言在 TypeScript 语言的基础上扩展了一些功能（尤其是在 UI 开发方面），但也增加了一些禁止和限制规则。

TypeScript 是 JavaScript 的一个超集，它在 JavaScript 的基础上添加了静态类型系统并引入了一些其他特性。JavaScript 是一种高级的解释型动态语言，最初用于浏览器，现在还广泛用于服务器端编程（主要通过 Node.js）。TypeScript 可以看作对 JavaScript 的一个增强。

ArkTS、TypeScript 和 JavaScript 之间的关系如图 1-1 所示。所有 JavaScript 代码都是有效的 TypeScript 代码，反之则不然。TypeScript 和 ArkTS 有交集，但由于 ArkTS 的限制和扩展，它们不是完全的包含关系，这个交集包括符合 ArkTS 规则的 TypeScript 代码。JavaScript 和 ArkTS 也有交集，但同样不是完全的包含关系，这个交集包括符合 ArkTS 规则的 JavaScript 代码。

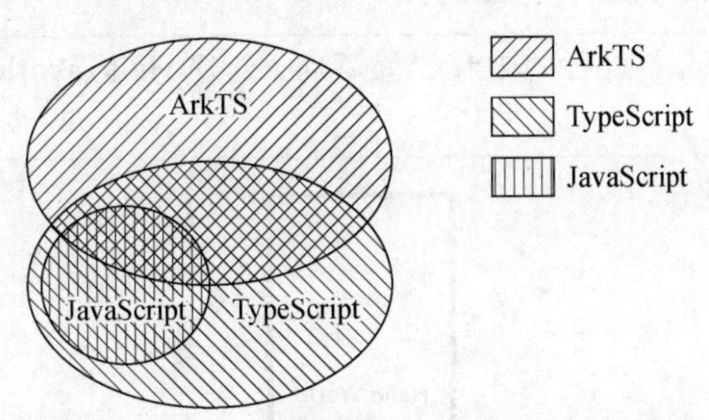

图 1-1 ArkTS、TypeScript 和 JavaScript 的关系

ArkTS 语言的主要特性如下。

- **静态类型的强制使用**：ArkTS 采用静态类型，确保了程序中变量的类型在编译期间就已确定。这一设计不仅能够在编译时验证代码的正确性，减少运行时的类型检查需求，还能提高程序的执行效率。这是 ArkTS 最为关键的特性之一。
- **禁止在运行时改变对象布局**：为了追求最高性能，ArkTS 不允许在运行时改变对象的布局。这一举措有助于优化性能表现。
- **对操作符语义的限制**：为了获得更高效的性能表现以及鼓励开发者编写更为清晰、易于阅读的代码，ArkTS 对某些操作符的语义做出了限制。

- **对 UI 开发框架能力的扩展**：ArkTS 定义了声明式 UI 描述和自定义组件，具有动态扩展 UI 元素的功能，提供了多维度的状态管理机制和渲染控制功能。

1.2 搭建开发环境

开发鸿蒙原生应用所使用的集成开发环境（IDE）是 DevEco Studio。为了确保读者能够顺利搭建好开发环境并实践本书中的操作，作者提供了相关的视频教程。读者可以扫描图 1-2 所示的抖音或微信视频号二维码，获取视频教程。如果读者在学习本书的过程中遇到问题，也可以通过下面的二维码与我们联系。

抖音

微信视频号

图 1-2 相关二维码

1.3 我的第一个 ArkTS 程序：Hello World

为了测试开发环境，我们已经在 DevEco Studio 中创建好了第一个鸿蒙工程：Hello World。打开 Previewer 窗口，可以看到工程页面的预览，如图 1-3 所示。

> **注** 不同的 API 版本需要进行的工程配置不同，创建 Hello World 工程的详细步骤参见配套的视频教程。

图 1-3 Hello World 的启动页面

在工程文件夹下有很多目录和文件，这些目录和文件各有其用处，目前我们只关心其中的一个文件：工程文件夹下的目录 entry > src > main > ets > pages 中的文件 Index.ets。ArkTS 文件的扩展名为 ets，文件 Index.ets 中定义的就是 Previewer 窗口中显示的工程页面。文件 Index.ets 中的代码是创建工程时由 DevEco Studio 自动生成的，如代码清单 1-1 所示。若最新版本的

DevEco Studio 自动生成的代码与代码清单 1-1 不同，请将其替换为书中的代码。

代码清单 1-1 Index.ets

```
01  @Entry
02  @Component
03  struct Index {
04     @State message: string = 'Hello World';
05
06     build() {
07        Row() {
08           Column() {
09              Text(this.message)
10                 .fontSize(50)
11                 .fontWeight(FontWeight.Bold)
12           }
13           .width('100%')
14        }
15        .height('100%')
16     }
17  }
```

尽管 ArkUI 的相关知识不在本书的讨论范围之内，但我们还是有必要简单了解一下 Hello World 工程中的一些基本的 UI 知识。文件 Index.ets 的各个组成部分如图 1-4 所示。

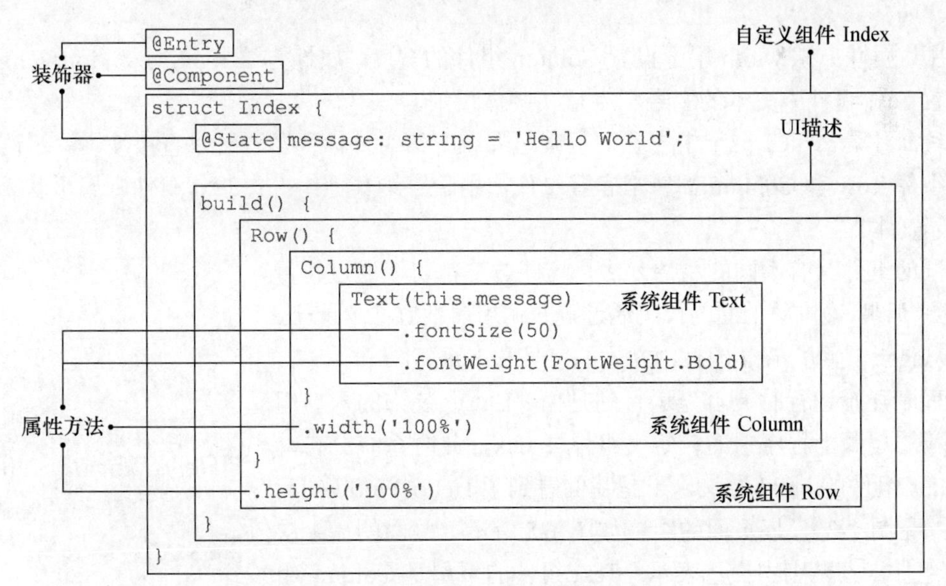

图 1-4 文件 Index.ets 的各个组成部分

上述程序创建了一个自定义组件 Index，该组件有两个装饰器，即@Entry 和@Component。其中，@Entry 表示该组件为入口组件，@Component 表示自定义组件。相关代码如下：

```
@Entry
@Component
struct Index {
    // 自定义组件 Index 内部的代码
}
```

Index 组件定义了一个状态变量 message 以及 UI 描述（build 方法中的代码块）。UI 描述以声明的方式来描述 UI 的结构，即我们看到的 UI 页面的结构。在 build 方法中，我们定义了一个系统组件 Row。相关代码如下：

```
Row() {
    // 组件 Row 内部的代码
}
.height('100%')
```

其中，height 是一个属性方法，用于设置 Row 组件的高度。

在 Row 组件中，我们定义了一个系统组件 Column；在 Column 组件中，又定义了一个系统组件 Text。Text 组件显示的文本为 message 中存储的字符串'Hello World'。相关代码如下：

```
Column() {
    Text(this.message)
        .fontSize(50)
        .fontWeight(FontWeight.Bold)
}
.width('100%')
```

其中，属性方法 width 用于设置 Column 组件的宽度，属性方法 fontSize 和 fontWeight 分别用于设置 Text 组件中文本的字号和字重（字体粗细）。

*系统组件*是 ArkUI 框架中内置的基础组件或容器组件，开发者可以直接使用。示例程序中用到的组件 Row 和 Column 都属于*容器组件*，用于容纳其他组件；Text 组件则属于*基础组件*，用于显示文本。

不同的组件具有不同的*属性方法*，这些方法都可以通过符号“.”来*链式调用*。例如，上面的代码通过链式调用属性方法 fontSize 和 fontWeight 设置了 Text 组件中文本的字号和字重。

当程序开始运行时，首先运行的是由@Entry 装饰的入口组件，对应的是以上程序中的自定义组件 Index，此时系统会自动调用 Index 组件的 build 方法，于是我们看到了 Hello World 的启动页面（见图 1-3），该页面的组成如图 1-5 所示。页面的最上层是 Text 组件，其范围由白色表示；Text 组件的下层是 Column 组件，其范围由深灰色表示（包括 Text 组件遮盖的范围）；Column 组件的下层是 Row 组件，其范围由浅灰色表示（包括 Column 组件遮盖的范围）。

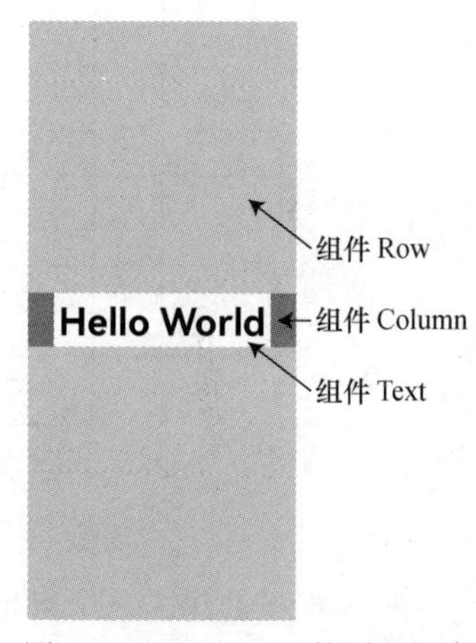

图 1-5 Hello World 的页面组成

除了属性方法，不同的组件还具有不同的事件方法。通过触发或调用组件的事件方法，我们可以设置组件对事件的响应逻辑。接下来要做的是，修改一下 Hello World 程序，在页面上添加一个表示按钮的 Button 组件，并为其添加对按钮的单击事件的响应逻辑。修改后的 Index.ets 如代码清单 1-2 所示。

代码清单 1-2 Index.ets

```
01  @Entry
02  @Component
03  struct Index {
04    @State message: string = 'Hello World';
05
06    build() {
07      Row() {
08        Column() {
09          Text(this.message)
10            .fontSize(50)
11            .fontWeight(FontWeight.Bold)
12
13          /*
14           * 在 Text 组件下方添加一个按钮组件 Button
15           * 单击该按钮后页面上显示的文本将发生变化
16           */
17          Button('点我')
18            // 设置按钮的相关属性并添加响应单击事件的逻辑
19            .fontColor(Color.White)
20            .fontSize(40)
21            .width(150)
22            .height(70)
23            .backgroundColor(Color.Gray)
24            .type(ButtonType.Capsule)
25            .onClick((event: ClickEvent) => {
26              this.message = 'Hello ArkTS';
27            })
28        }
29        .width('100%')
30      }
31      .height('100%')
32    }
33  }
```

起初在 Previewer 窗口中看到的页面如图 1-6（a）所示，接着单击“点我”按钮，可以看到图 1-6（b）所示的运行效果。

注　尽管在预览器（Previewer 窗口）中查看运行效果比较方便，但是推荐读者使用模拟器或真机来运行程序。模拟器或真机运行程序的方法参见配套的视频教程。

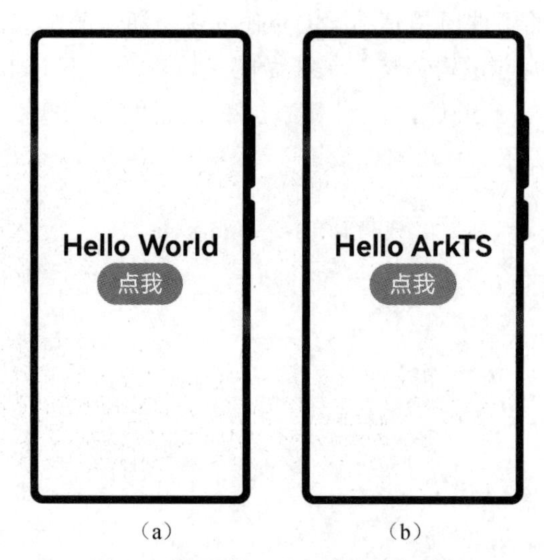

（a）　　　　（b）

图 1-6　修改前、后程序的运行效果

下面我们分析一下添加的代码。

1. 注释和缩进

在添加的代码中，有一些注释。注释是对代码的说明和解释。注释中的文字不是有效的代码，在编译并执行程序时，所有注释都会被系统忽略。尽管注释不是有效的代码，但是其可以很好地对程序进行解释说明，是程序十分重要的组成部分。明确、简洁的注释能大大提高程序的可读性和可维护性。

ArkTS 中的注释分为两种类型：单行注释（//）和多行注释（/*...*/）。

单行注释使用“//”表示，“//”之后的内容就是注释的内容。单行注释不能跨越多行。在代码中，请将单行注释放在相应代码的右侧或者上方。如果单行注释位于代码右侧，应该在代码和注释之间至少保留一个空格，以提高可读性。如果单行注释过长，请将其置于代码上方，并且与代码保持同样层级的缩进，如代码清单 1-2 中第 18 行的单行注释。

多行注释以“/*”开头，以“*/”结尾，“/*”和“*/”中间就是注释的内容，注释的内容可以跨越多行。对于多行注释，我们建议将其放在对应代码的上方，并让注释与代码保持一样的缩进层级，如代码清单 1-2 中第 13～16 行的多行注释（第 14、15 行开头的“*”不是必需的，添加“*”是为了增加注释的可读性）。如果是文件头注释，我们建议将其放在文件开头，不使用缩进。

在书写代码时，请注意代码的缩进。良好的缩进能大大提高程序的可读性。一般来说，一个层级的缩进是 4 个空格。UI 中有时会使用较多的多层嵌套，这时会使用两个空格作为一个层级的缩进。本书主要介绍 ArkTS 语言，统一用 4 个空格作为一个层级的缩进。

2. Button 的属性方法

在代码清单 1-2 中，通过链式调用一系列属性方法，我们设置了所添加按钮的样式，包括按钮的文字样式、大小、背景色和类型。相关代码如下：

```
Button('点我')
    .fontColor(Color.White)  // 设置按钮上的文字颜色为白色
    .fontSize(40)  // 设置按钮上的文字字号为 40
    .width(150)  // 设置按钮的宽度为 150
    .height(70)  // 设置按钮的高度为 70
    .backgroundColor(Color.Gray)  // 设置按钮的背景色为灰色
    .type(ButtonType.Capsule)  // 设置按钮类型为胶囊按钮（圆角大小为按钮高度的一半）

    // 其他代码略
```

3. Button 的 onClick 事件方法

只要单击页面上的“点我”按钮，就会触发 Button 组件的单击事件——对应的 onClick 事件方法被执行。相关代码如下：

```
Button('点我')
    // 其他代码略

    // onClick 事件方法
    .onClick((event: ClickEvent) => {
      this.message = 'Hello ArkTS';  // 修改状态变量 message 的值为'Hello ArkTS'
    })
```

在定义 Text 组件时，传入的参数为 this.message（代码清单 1-2 的第 9 行），而此时 message 的值为'Hello World'（第 4 行），所以一开始页面的 Text 组件显示的文本为“Hello World”。在触发并执行了按钮的 onClick 事件方法之后，message 的值被修改为'Hello ArkTS'。由于 message 是由@State 装饰的状态变量，因此当 message 发生变化时，系统会自动刷新页面，将 Text 组件的文本显示为最新的 message 值“Hello ArkTS”。这就是 ArkUI 数据驱动的基本原理。

现在，我们已经了解了 ArkTS 语言的基本概念以及 ArkUI 的一些基础知识，包括组件、属性方法、事件方法等，接下来就可以正式学习 ArkTS 语言了。

第2章

简单的数据操作

2

在探索 ArkTS 语言的旅程中，掌握编程语言基础知识的重要性不言而喻。本章将带你深入了解 ArkTS 语言的核心概念，包括变量与常量的声明和使用，常用的数据类型、操作符以及数学函数的用法。首先，我们将探讨如何在 ArkTS 中声明和使用变量与常量，这是编写所有程序的基础；其次，我们会介绍 ArkTS 支持的常用数据类型，这些类型是构建逻辑和存储信息的基石；再次，我们将深入了解常用操作符的用法，这些操作符是实现程序逻辑和进行数据操作的关键工具；最后，我们将了解 Math 对象提供的一系列属性和方法，这些属性和方法可以帮助我们实现一些高级的数学运算。通过本章的学习，你将掌握使用 ArkTS 进行有效编程的基本技能，为后续探索更高级的主题打下坚实的基础。

2.1 变量与常量

本节主要介绍如何在 ArkTS 中有效地声明和使用变量与常量。通过对变量的灵活运用，我们可以存储和修改程序运行过程中需要的各种信息和数据。常量的使用，则为程序提供了一个稳定不变的数据来源。

2.1.1 变量

在编写程序时，我们会用到各种数据，例如用户的昵称、会员的积分、商品的金额等。在程序中，我们可以使用变量来存储这些数据。在 ArkTS 中，变量必须**先声明后使用**。

变量声明语句的语法格式如下。

```
let 变量名[: 数据类型][ = 初始值];
```

示例如下。

```
// 声明了string类型的变量message，其初始值为'Hello World'
let message: string = 'Hello World';
```

说明 这是本书中出现的第 1 个语法说明，本书后续出现的所有语法都遵循以下约定。

■ 加粗部分的写法是固定不变的，如关键字“let”；非加粗部分表示需要根据需求填写，如“变量名”“数据类型”等。

■ 由一对方括号“[]”括起来的部分表示是可选的，即该部分不是必须要填写的，如“: 数据类型”和“ = 初始值”。

要提高程序代码的可读性，应在某些符号（如“:”）后面加上一个空格，在某些操作符（如“=”“+”）的左右各加上一个空格。多多观察示例程序，可以帮助你很快了解这些编程规范，写出美观的代码。

ArkTS 使用关键字 let 声明（定义）变量。

1. 变量名

变量声明语句的关键字 let 之后是自定义的变量名。变量名是一种标识符。在程序中，我们可以通过变量名访问变量。

程序中的变量名、函数名、类型名等，都属于标识符。标识符的命名必须遵循以下规则。

- 标识符的第一个字符必须是字母（大写或小写）、下画线（_）或美元符号（$）。
- 首字符之后的其他字符可以是字母、数字、下画线或美元符号。
- 保留字不可以作为标识符。保留字是 ArkTS 中具有特殊意义的单词。这些保留字包含了关键字，每个关键字都有其特定的用途，例如关键字 let 专门用于声明变量；另外，保留字还包括一些虽然目前没有特定用途但可能在未来被用作关键字的单词。
- 区分大小写，例如，message、Message 和 MESSAGE 是 3 个不同的标识符。

注 保留字也可以是由多个单词组成的词组，例如 typeof 实际上是两个单词合成的，不过我们通常将其视为一个单词。

以下是一些合法（符合语法规则）的标识符示例：

```
$x  // 以美元符号作为首字符，后面是字母
_y_z123  // 以下画线作为首字符，后面是字母、下画线和数字
x1_y1_z1  // 以字母作为首字符，后面是字母、下画线和数字
```

以下是一些非法（不符合语法规则）的标识符示例：

```
9w  // 以数字作为首字符
typeof  // typeof 是关键字
```

除了以上必须遵循的命名规则，我们对标识符的命名还有两点建议。

- 在命名时，尽量选择有意义且描述性强的名称，有利于提高代码的可读性和可维护性。
- 虽然语法上允许，但通常情况下应避免使用下画线和美元符号作为标识符的首字符，除非项目或团队等有特定的命名约定。

变量的命名也需要遵循以上规则。另外，对于一般的变量，推荐使用小驼峰命名风格来命名，即如果变量名由几个单词构成，那么第一个单词的首字符小写，后面每个单词的首字符大写，其余字符都小写，中间不使用下画线。示例如下：

```
userName  // 用户名
numberOfBooks  // 书本的数量
isPowerOff  // 电源是否关闭
```

2. 数据类型

数据类型表示变量所存储的是何种类型的数据。在声明变量时要确定变量的数据类型，并且变量的数据类型在声明之后不可以更改。不同的数据类型对应不同的操作。如果知道某个变量是某种数据类型，我们就清楚地知道了对这个变量允许的操作以及禁止的操作。下面介绍 3 种常用的基本数据类型。以下是几个变量声明：

```
let userName: string = 'jack';
let numberOfBooks: number;
let isPowerOff: boolean = true;
```

让我们逐行看看各行代码：

```
let userName: string = 'jack';
```

以上代码声明了一个 string 类型的变量 userName。string 类型用于存储字符序列，也称为字符串类型，其中的字符可以是任何有效的 Unicode 字符。在存储如用户名、提示信息等文本内容时，应该选择 string 类型。

```
let numberOfBooks: number;
```

这行代码声明了一个 number 类型的变量 numberOfBooks。number 类型用于存储数值，包括整数数值和浮点数数值。

```
let isPowerOff: boolean = true;
```

这行代码声明了一个 boolean 类型的变量 isPowerOff。boolean 类型（布尔类型）是一种十分常用的类型，该类型只有 true 和 false 两个值，通常用于表示两种互斥的状态。例如，isPowerOff 取不同的值时，可用于表示电源关闭（true）和电源未关闭（false）这两种互斥的状态。

3. 初始值

在声明变量的同时可以给变量指定初始值，以完成变量的初始化。例如：

```
let isPowerOff: boolean = true;  // 声明变量时为 isPowerOff 指定初始值 true
```

ArkTS 允许定义变量时不提供初始值（此时**必须**指明数据类型），但是在变量第一次被读取之前，必须完成初始化工作。使用赋值操作符“=”可以对变量进行赋值操作（初始化）。

```
变量名 = 初始值
```

以上语句的作用是将“=”右边的初始值赋给左边的变量。例如：

```
let numberOfBooks: number;  // 在声明时没有指定初始值，数据类型 number 不能省略
numberOfBooks = 10;  // 通过赋值操作符给 numberOfBooks 赋初始值
```

除了可以给变量赋初始值，使用赋值操作符也可以随时修改变量的值。例如：

```
let numberOfBooks: number = 10;  // numberOfBooks 的初始值为 10
numberOfBooks = 20;  // 将 numberOfBooks 的值修改为 20
```

如果变量在**使用前**未完成初始化，将会导致编译错误（undefined 类型除外）。例如，以下代码在声明变量 numberOfBooks1 时没有指定初始值，并且之后也没有对 numberOfBooks1 进行初始化，就直接尝试访问 numberOfBooks1（将 numberOfBooks1 的值赋给 numberOfBooks2），导致编译错误。

```
let numberOfBooks1: number;
let numberOfBooks2 = numberOfBooks1;  // 编译错误，变量 numberOfBooks1 未被赋值
```

注　undefined 类型也是一种基本数据类型，该类型只有一个值：undefined。若一个变量被声明为 undefined 类型，则其值为 undefined，因此对于 undefined 类型的变量可以不显式指定其值。

另外，在声明变量时，如果已经为变量指定了初始值，那么变量的数据类型是可以缺省（省略不写）的，因为此时编译器可以通过初始值的类型来自动推断变量的数据类型。例如，下面两行代码是等效的：

```
let isPowerOff = true;  // 根据初始值 true 可以推断 isPowerOff 是 boolean 类型
let isPowerOff: boolean = true;
```

在变量声明并初始化完成后，我们就可以正常使用变量了。对于变量的使用主要包括两个方面：读取变量值和写入变量值。通过变量名即可读取变量值；通过赋值操作符可以为变量写入新值，当我们将新的数据存入变量时，旧值就被新值替换掉了。

2.1.2 常量

与变量相比，常量在程序运行期间其值是不能被改变的，且只能被赋值一次。在程序中，如果需要处理一些不应该改变的值，比如物理常数、数学常数、配置设置或多次重复使用的固定值等，就应该考虑使用常量。

例如，重力加速度常数 *g* 表示在地球表面附近的自由落体加速度，其值约为 $9.8m/s^2$。在编写物理计算或仿真的程序时，我们可以将 *g* 声明为常量 GRAVITY，这样不但可以防止 GRAVITY 在程序的其他位置被意外修改，而且能提高代码的可读性和可维护性。在程序中，最好使用具有明确名称的常量或变量而不是直接在代码中多次使用类似 9.8 这样的魔术数字。此外，将 *g* 定义为常量也便于更新数据，例如，你可能需要调整 *g* 值为月球表面的值，这时只需要在声明 GRAVITY 的地方更改一次，而不需要找到每个使用数字 9.8 的地方并进行修改。

注　魔术数字（magic number）指的是在代码中直接使用的硬编码数值（如上面的 9.8）。因为这些数字本身没有明确的含义，对于不熟悉代码背景的人来说很难理解；并且如果该数字被多次使用，更改这个值时就需要在代码的多个位置进行修改，这会增加出错的风险。综上，这样的数字最好被定义为常量。

ArkTS 使用关键字 const 声明常量。常量声明语句的语法格式如下：

```
const 常量名[: 数据类型] = 常量值;
```

声明常量的同时**必须**对常量进行初始化，之后不允许再对该常量进行赋值，否则会导致编译错误。

常量名也属于标识符，对于配置值或环境变量等不会改变或不应改变的常量的命名，建议使用**全大写字母，单词之间使用下画线作为分隔符**；而对于其他常量，可以使用**小驼峰命名风格**来命名。示例如下。

```
// 使用全部大写的方式命名
const PI = 3.14159;
const API_KEY = "123456";
const DEFAULT_TIMEOUT: number = 1000;

// 使用小驼峰命名风格命名
const userName = 'John';
const itemCount: number = 5;
```

2.2 数据类型

在 ArkTS 中，数据类型是构建强大、可维护应用的基石。本节将按照从基础到高级的顺序探讨 ArkTS 中的常用数据类型，以揭示类型系统的多样性和强大功能。

我们会先介绍基本数据类型 number、boolean 和 string，以及它们对应的包装类型 Number、Boolean 和 String，并讨论这些类型之间的转换方法。这些基础类型是任何 ArkTS 程序的出发点，了解它们的相关知识和转换规则至关重要。随后，我们将拓展到 ArkTS 的其他常用类型，包括数组类型、枚举类型以及灵活的联合类型。这些类型提供了更丰富的数据结构，是构建复杂逻辑和数据结构不可或缺的工具。接着，我们将了解 typeof 操作符的用法，这个操作符在类型检查和运行时类型确认中扮演着关键角色。最后，我们会介绍如何定义类型别名。类型别名允许我们创建自定义类型名称，为复杂的类型注解和接口提供便捷的引用。采用类型别名，有助于提高代码的可读性和可维护性。

2.2.1 常用的基本数据类型及其包装类型

在 2.1.1 节中，我们已经介绍了 3 种常用的基本数据类型，即 number、boolean 和 string 类型。本节将详细介绍这 3 种基本类型及其对应的包装类型。

1. number 类型

number 类型用于表示整数和浮点数。整数字面量可以使用十进制、二进制、八进制和十六进制，而浮点数字面量只能使用十进制。所谓*字面量*，是编程语言中用于表示固定值的基本元素，例如，3 是一个整数字面量，'Hello World'是一个字符串字面量。

完全由数字序列、正负号组成的整数字面量是十进制的，例如 0、921、−123。二进制、八进制和十六进制的整数字面量必须使用相应的**前缀**，如表 2-1 所示。

表 2-1 二进制、八进制和十六进制整数字面量的格式说明

进 制	前 缀	要 求	举 例
二进制	0b 或 0B	只能包含数字 0 和 1	0b10 −0B101
八进制	0o 或 0O	只能包含数字 0～7	0o765 0O105
十六进制	0x 或 0X	可以包含数字 0～9 和字母 a～f 或 A～F	0xA6 −0X1C

浮点数字面量由数字序列、正负号和小数点构成，例如 3.14、−1.6。我们还可以使用科学记数法来表示浮点数字面量。在科学记数法中，以“e”或“E”表示指数部分，例如 1e−7 表示 1.0×10^{-7}，1.44E4 表示 1.44×10^{4}。

在 number 类型的字面量中有一个特殊的数值 NaN，即非数值（Not a Number），这个数值用于表示一个本来要返回数值的操作但未返回数值的情况（这时不会抛出错误）。NaN 有两个特点：一是任何涉及 NaN 的操作都会返回 NaN，例如 NaN + 10 结果为 NaN；二是 NaN 与任何值都不相等，包括 NaN 本身，例如 NaN == NaN 的结果永远为 false（“==”的用法详见 2.3.2 节）。

如果需要判断一个值是否为 NaN，可以使用函数 isNaN 或 Number.isNaN。例如，假设 value 的值为 NaN，则：

```
isNaN(value)  // true
Number.isNaN(value)  // true
```

函数 isNaN 只能接收 number 类型的值作为参数，否则会引发编译错误；而函数 Number.isNaN 可以接收任何类型的值作为参数，只有当参数值为 NaN 时才会返回 true。示例如下：

```
isNaN(10)  // false
Number.isNaN('hello')  // false
Number.isNaN(true)  // false
```

2. boolean 类型

boolean 类型用于存储布尔值（逻辑值），只有 true 和 false 两个字面量。注意，ArkTS 是严格区分大小写的，true 和 false 这两个字面量都是全小写的。任何其他的混合大小写形式（如 True、FALSE）都不是布尔值，只是标识符。

boolean 类型通常用于逻辑表达式、控制语句及函数返回类型中，例如函数 isNaN 的返回类型就是 boolean 类型。

3. string 类型

string 类型用于表示由 0 到多个 Unicode 字符组成的字符序列，即字符串。字符串中的字符序列使用一对双引号（"）或一对单引号（'）括起来。以下两种字符串的写法都是有效的：

```
'Hello World'
"Hello ArkTS"
```

需要注意的是，以双引号开头的字符串必须以双引号结尾，以单引号开头的字符串必须以单引号结尾，这两种引号不能混用。在输出字符串时，作为字符串起始与结束标志的一对引号本身是不会被输出的。

有时我们可能需要表示一些特殊的字符，例如在字符串中使用制表符，此时可以使用转义字符。转义字符以反斜线（\）开头，常用的转义字符如表 2-2 所示。

表 2-2 常用转义字符

转义字符	含 义
\n	换行符
\r	回车符
\t	制表符
\b	退格符
\\	反斜线
\'	单引号（'）
\"	双引号（"）
\xnn	以十六进制代码 nn 表示的一个字符（其中 n 为 0～F 或 0～f）
\unnnn	以十六进制代码 nnnn 表示的一个 Unicode 字符（其中 n 为 0～F 或 0～f）

示例如下：

```
'I\'m fine.'  // 字符串内容为“I'm fine.”
"\u9e3f\u8499 原生应用开发"  // \u9e3f 表示'鸿'，\u8499 表示'蒙'，字符串内容为“鸿蒙原生应用开发”
```

除了上面介绍的字符串，还有一种模板字符串，它是以一对反引号（`）括起来的。在模板字符串中，可以通过如下语法在字符串中插入表达式：

```
${表达式}
```

所谓表达式，是指由操作数和操作符构成的式子。例如，3 就是一个只包含 1 个操作数的简单的表达式，3 + 4 就是一个包含了两个操作数（3 和 4）以及 1 个操作符（+）的表达式。

如果模板字符串中插入了表达式，则程序会先将表达式的值计算出来，再自动将该值转换为 string 类型，最后将原始的模板字符串中的字符与表达式的计算结果对应的字符串连接起来形成最终的字符串。下面的示例定义了两个模板字符串 message1 和 message2：

```
let num1 = 3;
let num2 = 4;
let message1 = `这里有${num1 * num2}个苹果`;  // message1 的值为'这里有 12 个苹果'

const name = 'Jim';
let message2 = `Hello, ${name}!`;  // message2 的值为'Hello, Jim!'
```

1）字符串的常用属性

字符串的属性可以理解为字符串的信息。通过符号“.”可以访问字符串的 length 属性，从而获取字符串的长度，即字符串中字符的个数。示例如下：

```
const message1 = '123456';  // message1.length 的值为 6
const message2 = '鸿蒙原生应用开发';  // message2.length 的值为 8
let message3 = '';  // message3.length 的值为 0，message3 是空字符串
```

2）字符串的常用方法

字符串的方法可以理解为字符串允许进行的操作，通过符号“.”调用。字符串的常用方法如表 2-3 所示。

表 2-3 字符串的常用方法

方法名	作　用
charAt	获取参数指定位置的字符
charCodeAt	获取参数指定位置的字符编码
indexOf	返回子字符串在字符串中首次出现的位置；未找到子字符串时返回-1
lastIndexOf	返回子字符串在字符串中最后一次出现的位置；未找到子字符串时返回-1
slice	提取字符串的一部分并返回新字符串
substring	提取字符串的一部分并返回新字符串
toUpperCase	将字符串转换为大写并返回新字符串
toLowerCase	将字符串转换为小写并返回新字符串
trim	删除字符串两端的空白并返回新字符串
replace	替换字符串中的某些字符
concat	拼接两个或多个字符串，返回拼接后的新字符串
split	将字符串按照给定的分隔符分割成数组

（1）**方法 charAt 和 charCodeAt** 用于访问字符串中的特定字符，不同的是，charAt 返回的是字符，而 charCodeAt 返回的是字符的十进制 Unicode 码。这两个方法都接收一个参数，表示访问的字符的索引。字符串中的所有字符均有唯一的索引，索引从 0 开始，第 1 个字符的索引为 0，第 2 个字符的索引为 1……以此类推。对于字符串 str，其索引的取值范围为 0～str.length −1。如果给定的索引越界了，则方法 charAt 返回空字符串，方法 charCodeAt 返回 NaN。

除了以上方法，我们还可以**通过索引**来获取字符串中的特定字符：

```
字符串名[索引]      // 索引使用一对方括号括起来
```

以上方式称作下标语法。注意，使用下标语法访问字符串中的字符时，索引不能越界。索引越界时，程序虽然不会报错，但会返回 undefined。

若一个字符串 str 的值为'ABCDEFG'，则：

```
// str: 'ABCDEFG'
str.charAt(1)  // 'B'
str.charCodeAt(1)  // 66

str[0]  // 'A'
str[str.length - 1]  // 'G'

// 索引越界
str.charAt(-3)  // ''，空字符串
str.charCodeAt(10)  // NaN
str[-2]  // undefined
```

（2）**方法 indexOf 和 lastIndexOf** 用于从字符串中查找子字符串，不同的是，indexOf 是从字符串的开头向后搜索，而 lastIndexOf 是从字符串的末尾向前搜索。方法 indexOf 和 lastIndexOf 都可以接收两个参数。第 1 个参数是必选的，表示待查找的子字符串。第 2 个参数是可选的，表示查找子字符串的起始位置；若缺省该参数，则方法 indexOf 从字符串的第一个字符开始向后搜索，方法 lastIndexOf 从字符串的最后一个字符向前搜索。若一个字符串 str 的值为 'ABCD-ABCD'，则：

```
// str: 'ABCD-ABCD'
// 返回子字符串'CD'在字符串 str 中首次出现时子字符串的首字符'C'的索引 2
str.indexOf('CD')  // 2

// 返回子字符串'CD'在字符串 str 中最后一次出现时子字符串的首字符'C'的索引 7
str.lastIndexOf('CD')  // 7

// 在字符串 str 中未找到子字符串'BD'，返回-1
str.indexOf('BD')  // -1

// 从索引为 3 的字符开始向后查找'CD'，返回在给定查找范围内'CD'首次出现时'C'的索引 7
str.indexOf('CD', 3)  // 7

// 在给定查找范围内未找到'CD'，返回-1
str.indexOf('CD', 8)  // -1

// 从索引为 6 的字符开始向前查找'CD'，返回在给定查找范围内'CD'首次出现时'C'的索引 2
str.lastIndexOf('CD', 6)  // 2

// 在给定的查找范围内未找到'CD'，返回-1
str.lastIndexOf('CD', 1)  // -1
```

（3）**方法 slice 和 substring** 用于提取字符串的一部分，将提取的内容作为新字符串返回。这两个方法都可以接收两个参数。第 1 个参数是必选的，表示开始提取的字符索引（包含该字符）。第 2 个参数是可选的，表示结束提取的字符索引（不包含该字符）；若缺省该参数（或其值大于等于字符串长度），则提取到字符串末尾。若一个字符串 str 的值为'ABCDEFG'，则：

```
// str: 'ABCDEFG'
// 缺省第 2 个参数（或其值大于等于字符串长度），提取到字符串末尾
str.slice(1)  // 'BCDEFG'
str.substring(1)  // 'BCDEFG'
str.slice(1, 7)  // 'BCDEFG'
str.substring(1, 10)  // 'BCDEFG'

// 从第 1 个参数指定的字符（包含）提取到第 2 个参数指定的字符（不包含）
str.slice(1, 4)  // 'BCD'
str.substring(1, 4)  // 'BCD'
```

方法 slice 和 substring 的区别主要在于参数的处理上。对于 slice 方法，如果第 1 个或第 2

个参数为负数，则从字符串末尾开始计算位置，如图 2-1 所示。对于 substring 方法，如果参数为负数，则被视作 0。

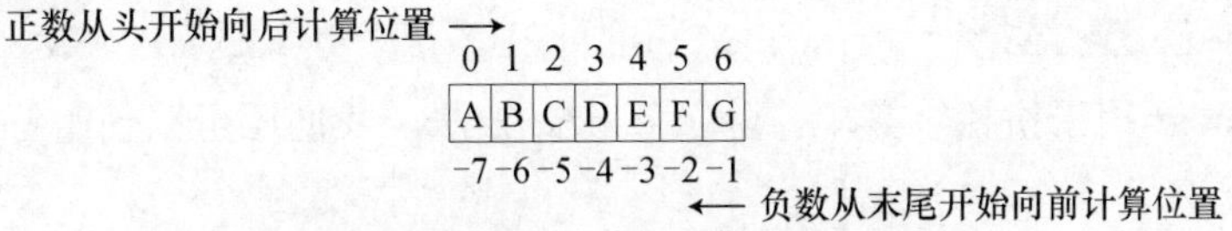

正数从头开始向后计算位置 ⟶

0	1	2	3	4	5	6
A	B	C	D	E	F	G
-7	-6	-5	-4	-3	-2	-1

⟵ 负数从末尾开始向前计算位置

图 2-1 slice 方法对负数参数的处理

另外，slice 方法总是从第 1 个参数指定的字符（包含）开始提取到第 2 个参数指定的字符（不包含）结束，而 substring 方法会从较小的参数指定的字符（包含）开始提取到较大的参数指定的字符（不包含）结束。示例如下（str 的值为'ABCDEFG'）：

```
/*
 * slice 方法的参数为负数时从字符串末尾开始计算
 * 并且总是从第 1 个参数指定的字符（包含）开始提取到第 2 个参数指定的字符（不包含）结束
 */
str.slice(-2)  // 'FG'
str.slice(1, -2)  // 'BCDE'
str.slice(-4, -2)  // 'DE'
str.slice(-2, -4)  // ''，给定的提取范围为空，返回空字符串

/*
 * substring 方法的参数为负时被视作 0
 * 并且总是从较小的参数指定的字符（包含）开始提取到较大的参数指定的字符（不包含）结束
 */
str.substring(-2)  // 'ABCDEFG'，相当于 str.substring(0)
str.substring(1, -2)  // 'A'，相当于 str.substring(0, 1)
str.substring(-4, -2)  // ''，相当于 str.substring(0, 0)
str.substring(4, 1)  // 'BCD'，相当于 str.substring(1, 4)
```

（4）**方法 toUpperCase** 用于将字符串中的字符全部转换为大写字符，而**方法 toLowerCase** 用于将字符串中的字符全部转换为小写字符。若一个字符串 name 的值为'John'，则：

```
// name: 'John'
name.toUpperCase()  // 'JOHN'
name.toLowerCase()  // 'john'
```

（5）**方法 trim** 用于删除字符串两端的空白并返回新字符串。注意，该方法不会删除字符串中间的空白。若一个字符串 message 的值为' \n\t Hello World \t\n'，则：

```
// message: ' \n\t Hello World  \t\n'
// 换行符、制表符、空格都属于空白，字符串两端的空白被删除，中间的空白被保留
message.trim()  // 'Hello World'
```

（6）**方法 replace** 用于替换字符串中的指定子字符串。该方法需要两个参数，第 1 个参数表示原字符串中需要替换的子字符串，第 2 个参数表示用于替换的字符串。若一个字符串

message 的值为'Hello World'，则：

```
// message: 'Hello World'
// 使用'ArkTS'替换 message 中的'World'
message.replace('World', 'ArkTS')  // 'Hello ArkTS'
```

（7）**方法 concat** 用于拼接字符串。除了 concat 方法，我们还可以使用**符号**“+”来拼接字符串。示例如下：

```
// 使用 concat 方法拼接两个或多个字符串
'鸿蒙'.concat('应用')  // '鸿蒙应用'
'鸿蒙'.concat('原生', '应用', '开发')  // '鸿蒙原生应用开发'

// 使用符号“+”拼接两个或多个字符串
'鸿蒙' + '应用'  // '鸿蒙应用'
'鸿蒙' + '原生' + '应用' + '开发'  // '鸿蒙原生应用开发'
```

（8）**方法 split** 用于将字符串按照给定的分隔符分割成数组（关于数组的相关知识详见 2.2.3 节）。示例如下：

```
// 使用'-'作为分隔符
'010-12345678'.split('-')  // ['010', '12345678']

// 使用空格作为分隔符
'number boolean string'.split(' ')  // ['number', 'boolean', 'string']

// 使用'==>'作为分隔符
'北京==>上海==>南京'.split('==>')  // ['北京', '上海', '南京']
```

4. 基本包装类型：Number、Boolean 与 String 类型

Number、Boolean 与 String 类型分别是 number、boolean 与 string 类型的包装类型。基本数据类型 number、boolean 与 string 是值类型，而它们的包装类型 Number、Boolean 与 String 则是引用类型。引用类型与值类型的用法与区别并不是这里关注的重点，稍后再作讨论（详见 5.2.6 节）。

一般情况下，在我们需要表示数字、布尔值或字符串时，只需要使用基本数据类型就可以了；**如无必要，不建议使用这些基本类型的包装类型**。

前文介绍了字符串的一些常用方法，例如 charAt 方法。为了验证前述的知识，我们需要将示例的结果输出到屏幕上，这时可以使用以下语句将相应的信息输出到 DevEco Studio 的 Log 窗口中。

```
console.log(需要输出到 Log 窗口的信息);
```

注意，console.log 可以接收 1 到多个参数，第 1 个参数必须是 string 类型。下面我们修改一下代码清单 1-2，修改后的程序如代码清单 2-1 所示。修改后的代码删除了状态变量 message 以及 Text 组件，只留下了 Button 组件并将 Button 上的文字改为“运行”；考虑到代码的长度，删除了注释。这样页面上就只留下了一个“运行”按钮（见图 2-2）。我们需要关注的重点是添加在“运行”按钮的 onClick 事件方法中的代码。

图 2-2 修改后的工程页面

代码清单 2-1 Index.ets

```
01  @Entry
02  @Component
03  struct Index {
04     build() {
05        Row() {
06           Column() {
07              Button('运行')
08                 .fontColor(Color.White)
09                 .fontSize(40)
10                 .width(150)
11                 .height(70)
12                 .backgroundColor(Color.Gray)
13                 .type(ButtonType.Capsule)
14                 .onClick((event: ClickEvent) => {
15                    let str = 'ABCDEFG';
16                    console.log(str.charAt(2));
17                 })
18           }
19           .width('100%')
20        }
21        .height('100%')
22     }
23  }
```

当我们在 Previewer 窗口中单击“运行”按钮时，DevEco Studio 的 HiLog 窗口中就会输出 str.charAt(2)对应的字符串'C'，如图 2-3 所示（HiLog 窗口在 Log 窗口中）。

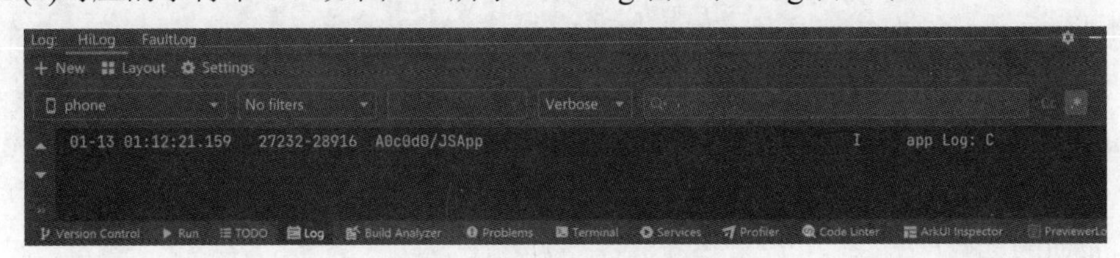

图 2-3 HiLog 窗口输出的信息

HiLog 窗口中输出的信息如下：

```
01-13 01:12:21.159   27232-28916  A0c0d0/JSApp                    I     app Log: C
```

其中，“app Log: ”之后的内容即是 console.log 输出的内容。如果在 HiLog 窗口中输出了太多信息，可以在该窗口的空白处右击并选择菜单命令“Clear All”，以清除窗口中已经输出的所有信息。

如果将代码中的 str.charAt(2)改为 str.charCodeAt(2)，会发生什么事呢？我们知道 charCodeAt 方法返回的是字符的 Unicode 值，这是一个 number 类型，而 console.log 的第一个参数要求是 string 类型，因此直接使用 console.log 输出 number 类型的数据会导致编译错误。这时可以调用 toString 方法，将 number 类型的数据转换为字符串类型：

```
console.log(str.charCodeAt(2).toString());
```

然后在 Previewer 窗口中单击“运行”按钮，HiLog 窗口中将输出（略去了无关信息）：

```
67
```

注　在后面的示例中，使用 console.log 输出信息时，提到的 HiLog 窗口中的输出结果均略去了无关信息，只会给出“app Log: ”之后输出的内容。

在 ArkTS 中，除了极少数类型（如 undefined），我们可以对大多数类型的数据调用 toString 方法，将其转换为字符串类型。

说明　本书着重介绍 ArkTS 语言的语法和基础知识，并不直接探讨 UI 相关的内容。然而，值得注意的是，使用 ArkTS 开发的鸿蒙原生应用几乎都具有图形用户界面。因此，本书接下来的示例程序将基于图 2-2 所示的工程页面进行编写。除非另有说明，后续所有示例代码都会被添加到该工程页面的“运行”按钮所触发的 onClick 事件方法中，其形式如下：

```
// 其他代码略
.onClick((event: ClickEvent) => {
    // 添加的代码
}
```

仔细思考一下这几个操作：我们对一个 string 类型的变量 str 调用了方法 charAt 和 charCodeAt；对方法 charCodeAt 得到的 number 类型的值调用了方法 toString。

属性和方法这两个概念用于描述**引用类型及其实例**的状态和行为（**引用类型的值**称作“实例”）。属性用于存储引用类型及其实例的相关信息，方法用于描述引用类型及其实例的行为或操作。基本数据类型不是引用类型，从逻辑上来说它们不应该有方法。那么，为什么可以对 string 和 number 类型的值调用上述方法呢？这是因为 String 和 Number 这两个引用类型起了作用（Boolean 类型同理）。

请看下面的代码：

```
let str = 'ABC';
console.log(str.charAt(2));
```

上面的示例代码首先创建了一个 string 类型的变量 str，其值为'ABC'，这是一个**基本类型值**。随后对 str 调用 charAt 方法时，后台自动完成了如下操作。

（1）使用字符串值'ABC'创建了一个 String 类型的实例。

（2）在这个 String 实例上调用了指定的方法 charAt 得到了结果'C'。

（3）销毁这个临时的 String 实例（这个实例将不再被使用，但不一定会被立即销毁，这取决于垃圾回收机制）。

这个过程叫作自动装箱，如图 2-4 所示。

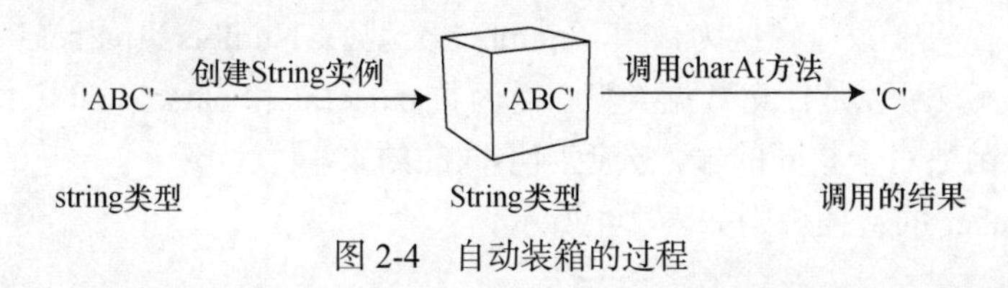

图 2-4 自动装箱的过程

当我们尝试通过基本类型 number、boolean 或 string 的值调用方法或访问属性时，ArkTS 会自动将其转换为相应的包装类型，并通过包装类型调用方法或访问属性。这个过程是非常短暂的，只存在于方法调用或属性访问的瞬间，我们通常不需要关心这些内部的实例创建和销毁的细节。这种机制允许我们在基本类型上方便地使用相应的引用类型的方法或属性，而不需要手动进行类型转换。

同理，对于以下代码：

```
const str = 'ABC';
console.log(str.charCodeAt(2).toString());
```

计算 str.charCodeAt(2).toString()时，后台自动完成了如下操作。

（1）用字符串值'ABC'创建了一个 String 类型的实例；在这个 String 实例上调用了 charCodeAt 方法得到了结果 67，然后销毁 String 实例。

（2）用 number 类型的值 67 创建了一个 Number 类型的实例；在这个 Number 实例上调用 toString 方法得到了结果'67'，然后销毁 Number 实例。

由于 ArkTS 这种自动装箱的机制，虽然基本数据类型本身没有方法和属性，但是我们可以无感地像使用引用类型一样使用这些基本数据类型。需要注意的是，不能直接将一个包装类型的实例赋给其对应的基本类型的变量（或常量），但反之可以（因为自动装箱机制）。例如，以下代码将会引起编译错误：

```
// 使用关键字 new 创建了一个 String 实例，其中包装的值为'ABC'，将该 String 实例赋给 str
let str: string = new String('ABC');  // 编译错误
```

这是因为“=”右边是一个 String 类型的实例，而“=”左边是一个 string 类型的变量，两者的类型是不匹配的。如果确有必要将包装类型的实例中包装的值赋给基本类型的变量，那么可以调用包装类型的valueOf方法得到该实例包装的原始值。示例如下：

```
const strObj: String = new String('ABC');  // "=" 右边可以直接写作'ABC'，程序会自动装箱
let str: string = strObj.valueOf();  // str的值为'ABC'
```

需要强调的是，此处我们介绍了这几种包装类型，目的只在于说明基本数据类型及其对应的包装类型工作的机制，除非确有必要，在编程时应该总是优先选择基本数据类型而不是包装类型。

5. 常用数据类型的互相转换

在给变量赋值时，"="右边的表达式的类型必须与变量的类型相匹配，否则会导致编译错误。给常量赋初始值亦是如此。如果出现了不匹配的情况，就需要进行显式的类型转换。

1）转换为数值

有3个函数可以将非数值转换为数值（number类型）：Number、parseInt和parseFloat。转型函数Number的参数可以是任意数据类型，而函数parseInt和parseFloat专门用于将字符串转换成数值。这3个函数对于相同的输入会返回不同的结果。

转型函数Number的转换规则如表2-4所示。

表2-4 转型函数Number的转换规则

参数类型	转换规则	举 例
数值	返回传入值	Number(19) // 19 Number(3.6) // 3.6
null值	返回0	Number(null) // 0
undefined值	返回NaN	Number(undefined) // NaN
字符串	若字符串中只包含数字（包括前面带正、负号的情况），则将其转换为十进制数值（前导的零将被忽略）	Number('-011') // -11
	若字符串包含有效的浮点数值，则将其转换为对应的浮点数值（前导的零将被忽略）	Number('01.18') // 1.18 Number('1.44e5') // 144000
	若字符串包含有效的二进制、八进制或十六进制格式，则将其转换为相同大小的十进制整数值	Number('0o47') // 39 Number('0xf') // 15
	若字符串为空，则返回0	Number('') // 0
	若字符串包含除上述格式之外的字符，则返回NaN	Number('0xAy') // NaN
对象	调用对象的valueOf方法，依照上述规则转换返回的数值。若转换结果为NaN，则调用对象的toString方法，再依照上述规则转换返回的字符串值	

注 关于null值和对象的相关知识在本书后面的内容中会进行介绍。

由于在程序中经常需要处理字符串类型，因此在将字符串类型转换为数值类型时，更常用的是函数parseInt和parseFloat。这两个函数的区别在于，前者得到的是整数数值，而后者得到的是浮点数值（或整数数值）。

函数parseInt在转换时，会忽略字符串前导的空格，直至找到第一个非空格的字符；如果第一个非空格字符不是数字字符或正负号，则返回NaN；如果第一个字符是数字字符或正负号，

则继续解析第二个字符，直到解析完所有后续字符或者遇到了一个非数字字符。函数 parseInt 可以识别出十进制和十六进制的整数字面量。示例如下：

```
let num: number;
num = parseInt('  +10');  // 10，忽略了字符串前导的空格
num = parseInt('-0010');  // -10，忽略了前导的零
num = parseInt('-1.5');  // -1，小数点及之后的字符被忽略
num = parseInt('10e3');  // 10，字符'e'及之后的字符被忽略
num = parseInt('0xf');  // 15，将十六进制字面量转换为十进制整数
num = parseInt('0o47');  // 0，字符'o'及之后的字符被忽略
num = parseInt('');  // NaN，空字符串被转换为 NaN
num = parseInt('123x');  // 123，字符'x'被忽略
num = parseInt('12x3');  // 12，字符'x'及之后的字符被忽略
num = parseInt('x123');  // NaN
```

另外，我们可以给函数 parseInt 提供第二个参数，用其表示转换时使用的基数（多少进制），这个参数可以是 2 和 36 之间的任意数值。示例如下：

```
parseInt('47', 8)  // 39，将 47 当作八进制数进行转换，转换为对应的十进制数 39
parseInt('10', 2)  // 2，将 10 当作二进制数进行转换，转换为对应的十进制数 2
```

函数 parseFloat 的转换规则和 parseInt 类似，也是从第一个字符开始解析每个字符，直到字符串末尾或者遇到了一个无效的浮点数字字符为止。另外，函数 parseFloat 还有以下转换规则。

（1）函数 parseFloat 只解析十进制值，因此它没有第二个参数指定基数的用法；任何二进制、八进制和十六进制格式的字符串都会被转换为 0。

（2）如果字符串可以被解析为整数（没有小数点或小数点后都是零），那么函数 parseFloat 会返回整数。

还有一点需要注意的是，如果待解析的字符串包含两个小数点，那么第二个小数点及其后的字符均无效。下面是一些使用函数 parseFloat 转换字符串的示例：

```
let num: number;
num = parseFloat('10');  // 10，转换十进制整数格式的字符串
num = parseFloat('0xf');  // 0，转换十六进制整数格式的字符串
num = parseFloat('0010');  // 10，前导的零将会被忽略
num = parseFloat('1.00000');  // 1，小数点之后都是零，返回整数
num = parseFloat('1.23');  // 1.23，转换浮点数格式的字符串
num = parseFloat('1.23.2');  // 1.23，第二个小数点及之后的字符被忽略
num = parseFloat('1.23e5');  // 123000，转换科学记数法格式的字符串
num = parseFloat('1.23x567');  // 1.23，字符'x'及之后的字符被忽略
num = parseFloat('');  // NaN，空字符串被转换为 NaN
num = parseFloat('abc');  // NaN
```

通过对比可知，函数 Number 和 parseInt / parseFloat 的转换规则主要有如下两点不同。

（1）对空字符串的处理，函数 Number 返回 0，而函数 parseInt / parseFloat 返回 NaN。

（2）对不符合数值字面量规则的字符串的处理，函数 Number 返回 NaN，而函数 parseInt / parseFloat 会尽可能转换符合规则的字符。

示例如下：

```
let num: number;

// 对空字符串的处理
num = parseInt('');  // NaN，parseFloat 函数转换的结果相同
num = Number('');  // 0

// 对不符合数值字面量规则的字符串的处理
num = parseInt('123x');  // 123，parseFloat 函数转换的结果相同
num = Number('123x');  // NaN
```

2）转换为布尔值

使用转型函数 Boolean 可以将其他类型的值转换为布尔值。转型函数 Boolean 的转换规则如表 2-5 所示。

表 2-5 函数 Boolean 的转换规则

参数类型	转换规则
布尔值	返回原布尔值
字符串	任何非空字符串转换为 true，空字符串转换为 false
数值	任何非零数值转换为 true，0 和 NaN 转换为 false
对象	任何对象都转换为 true，null 值转换为 false
undefined	转换为 false

示例如下：

```
let bool: boolean;
bool = Boolean('');  // false
bool = Boolean('x');  // true
bool = Boolean(100);  // true
bool = Boolean(0);  // false
bool = Boolean(undefined);  // false
```

当非布尔值需要被转换为布尔值时，ArkTS 语言的内部机制会自动进行这种转换——称作隐式类型转换。例如，在第 3 章中，我们会学习多种流程控制语句，流程控制语句中的条件可以是各种类型的表达式。当条件表达式不是布尔类型时，ArkTS 会隐式进行类型转换，将其转换为布尔值。这个转换过程虽然不是通过显式调用 Boolean 函数来实现的，但转换规则是完全一致的。理解转型函数 Boolean 的转换规则对于理解流程控制语句自动执行相应的隐式类型转换非常重要。

3）转换为字符串

要把一个值转换为字符串有两种方式：一是调用 toString 方法；二是调用转型函数 String。

几乎所有 ArkTS 类型都可以调用 toString 方法。对于常用的基本类型值（如 number、boolean），ArkTS 会自动装箱并在得到的实例上调用 toString 方法；而对于对象（如数组），toString

方法通常返回一个表示该对象类型的字符串（也可以根据需求重写默认的 toString 方法给出自定义的字符串表示）。

注　关于对象的相关知识详见面向对象编程的章节（第 5 章）。

在调用 toString 方法时，需要特别注意一下整数字面量。示例如下：

```
10.toString()  // 错误的调用
```

这种调用方式会导致编译错误。因为符号“.”紧跟着数字 10，编译器会将调用方法的符号“.”当作浮点数字面量的小数点，尝试将其作为数字的一部分进行解析，导致后续的方法调用出现语法问题。解决方案有以下 3 种：

```
(10).toString()  // 将整数字面量放在圆括号中使其变为表达式
10..toString()  // 使用两个“.”，第一个点被解析为数字字面量的一部分，第二个点用来调用方法
10 .toString()  // 在数字字面量和“.”之间增加一个空格
```

在以上解决方案中，推荐使用圆括号的方式。将整数字面量放在圆括号中，使数字字面量和圆括号这个整体变为一个表达式。在调用时，表达式会先被计算得到数字值，然后在这个值上调用 toString 方法。这种方式的可读性好，避免了解析上的歧义，同时也使得代码的意图更加直观。此外，这种方式在代码的其他部分也是通用的，比如在处理复杂表达式时，圆括号能提供清晰的界定，帮助维护运算的优先级，因此它是一种在多种情况下都非常实用的解决方案。

在转换数字字面量时，我们还可以给 toString 方法提供一个参数表示转换的基数（默认是十进制）。通过传递基数，toString 方法可以输出给定数字字面量的其他进制数值对应的字符串。示例如下：

```
let str: string;
const num = 10;
str = num.toString();  // '10', num 的十进制数值对应的字符串
str = num.toString(2);  // '1010', num 的二进制数值对应的字符串
str = num.toString(8);  // '12', num 的八进制数值对应的字符串
str = num.toString(16);  // 'a', num 的十六进制数值对应的字符串
```

需要注意的是，null 和 undefined 这两种值没有 toString 方法，尝试在这两种值上调用 toString 方法将会导致编译错误。在不确定要转换的值是否为 null 或 undefined 的情况下，我们可以使用转型函数 String。转型函数 String 的转换规则如下。

（1）如果传入值有 toString 方法，则调用该方法（不带参数）并返回相应的结果。

（2）如果传入值为 null，则返回'null'；如果传入值为 undefined，则返回'undefined'。

另外，从某种意义上说，使用符号“+”也可以实现转换为字符串的目的。符号“+”用于字符串时其作用是拼接字符串。当字符串与非字符串类型的值之间以“+”连接时，系统会自动将非字符串类型转换为字符串类型并拼接。示例如下：

```
'x' + 10  // 'x10'
'x' + true  // 'xtrue'
'x' + null  // 'xnull'
```

虽然以上操作是完全有效的，不过这种方式的可读性比较差。如果有上述拼接需求，推荐使用模板字符串或明确的转换操作。示例如下：

```
// 使用模板字符串
`x${10}`

// 使用明确的类型转换
'x' + String(10)
'x' + (10).toString()
```

模板字符串提供了一种更清晰和简洁的方式来构建包含变量的字符串，提高了代码的可读性，特别是在构建包含多个变量或需要执行表达式的字符串时。使用转换操作的方式虽然稍微烦琐一些，但它使得类型转换更明显，也会对代码的可读性和可维护性有所帮助。

2.2.2　联合类型

联合类型是一种高级类型，允许一个值具有多种类型之一。联合类型通过使用符号“|”连接两种或多种类型来定义，表示一个值可以是这些类型中的任意一个。示例如下：

```
let value: number | string;
value = 10;  // 将 number 类型的值赋给 value
value = 'x';  // 将 string 类型的值赋给 value
value = true;  // 编译错误，类型不匹配
```

联合类型是 ArkTS 类型系统中非常强大的特性之一，提供了一种灵活的方式来处理不同类型的值。

2.2.3　数组

数组是一种用于存储多个元素的引用类型的数据结构，这些元素可以是相同类型的，也可以是不同类型的。

在 ArkTS 中，使用如下两种方式可以声明数组。

- 使用元素类型之后带一对“[]”。
- 使用泛型数组类型 Array<T>。

注　关于泛型的相关知识详见第 9 章。

示例如下：

```
// 使用元素类型之后带一对“[]”的方式声明数组
let numbers: number[];  // 声明一个名为 numbers 的数组，其元素类型均为 number

// 使用泛型数组类型 Array<T>的方式声明数组，其中 T 表示元素类型
let names: Array<string>;  // 声明一个名为 names 的数组，其元素类型均为 string
```

数组字面量的形式如下：

```
[元素1, 元素2, ……]
```

当使用字面量语法创建数组时，ArkTS 可以自动推断出数组元素的类型。示例如下：

```
let numbers = [1, 2, 3];  // 编译器自动推断出numbers的类型为number[]
let names = ['小明', '小亮'];  // 编译器自动推断出names的类型为string[]
const values = ['晴', 18];  // 编译器自动推断出values的类型为(string | number)[]
```

数组有一个**常用属性 length**，用于表示数组中元素的个数。例如，对于上面的 3 个数组 numbers、names 和 values，有：

```
numbers.length  // 3
names.length  // 2
values.length  // 2
```

下面我们介绍数组的一些常用操作。

1. 输出数组

数组有 toString 方法，因此可以直接用 console.log 来输出数组。示例如下：

```
// 其他代码略
.onClick((event: ClickEvent) => {
    const numbers = [1, 2, 3];
    console.log(numbers.toString());
}
```

通过以上方式，在单击 Previewer 窗口中的“运行”按钮之后，HiLog 窗口中将得到如下输出：

```
1,2,3
```

如果需要将数组转换为字符串格式，并且保留数组的方括号，可以调用函数 JSON.stringify。函数 JSON.stringify 用于将各种类型的值转换为 JSON 字符串，特别适合于需要包括数据结构的方括号或花括号等场景（如数组、对象字面量）。这个函数不仅适用于数组，也适用于对象、字符串、数值、布尔值等数据类型。示例如下：

```
// 其他代码略
.onClick((event: ClickEvent) => {
    const numbers = [1, 2, 3];
    console.log(JSON.stringify(numbers));
}
```

这时，HiLog 窗口中输出的结果如下：

```
[1,2,3]
```

说明 JSON（JavaScript Object Notation）字符串是一种轻量级的数据交换格式，它基于 JavaScript 的对象字面量语法，但仅仅是文本。JSON 字符串既易于人阅读和编写，也易于机器解析和生成。由于这些特性，JSON 已成为 Web 应用中数据交换的一种主流格式，广泛用于服务器与客户端之间的通信，以及不同系统或应用程序之间的数据交换。

2. 遍历数组

使用 for-of 语句可以遍历数组中的所有元素值。for-of 语句的语法格式如下：

```
for (let|const 标识符 of 可迭代对象) {
    代码块
}
```

注 以上语法说明中的符号“|”表示关键字 let 和 const 只能选择其中一个。

for-of 语句提供了一种简洁且易读的方式来遍历可迭代对象中的元素，如数组、字符串、集合（Set）、映射（Map）等。

其中的标识符可以是变量名或常量名，用于存储来自可迭代对象的每个元素。具体使用变量还是常量，取决于在代码块中是否需要对其进行修改操作。如果没有修改操作，那么使用常量即可。

for-of 语句的执行流程：每次迭代开始前，先判断是否已经遍历完可迭代对象中的所有元素；如果没有遍历完，那么依次将可迭代对象中的下一个未遍历的元素赋给循环变量（常量），然后执行代码块。上述过程重复执行，直到遍历完可迭代对象中的所有元素后 for-of 语句结束，然后继续执行 for-of 语句后面的代码。for-of 语句执行的流程图如图 2-5 所示。

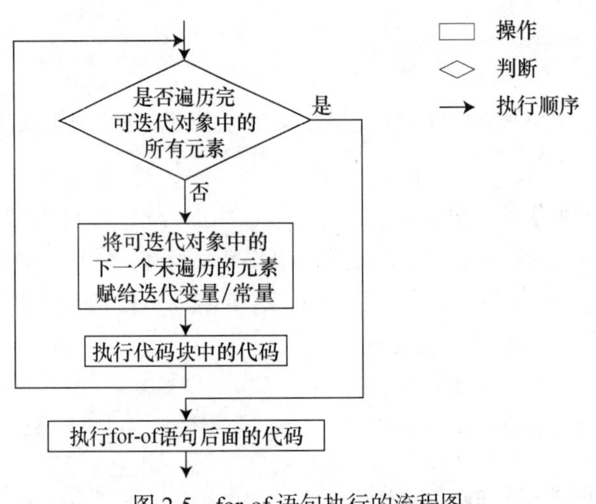

图 2-5 for-of 语句执行的流程图

示例如下：

```
// 其他代码略
.onClick((event: ClickEvent) => {
    const numbers = [1, 2, 3];

    // 使用 for-of 语句遍历数组元素
    for (const num of numbers) {
        console.log(num.toString());
    }
}
```

在 Previewer 窗口中单击“运行”按钮，HiLog 窗口中输出的结果如下：

```
1
2
3
```

如果 for-of 语句中使用的是迭代变量，那么该变量可以定义在 for-of 语句之外，也可以定义在 for-of 语句之内。迭代常量只能定义在 for-of 语句之内（因为常量只能被赋值 1 次）。例如，将上面示例代码中的 num 改为变量，修改后的示例代码如下：

```
// 其他代码略
.onClick((event: ClickEvent) => {
    const numbers = [1, 2, 3];

    // 将关键字 const 改为 let
    for (let num of numbers) {
        console.log(num.toString());
    }
}
```

在上面的两段示例代码中，num 的作用域（作用范围）都只限于 for-of 语句的代码块中。这意味着我们可以在代码块内自由地访问 num，但一旦超出了这个作用域，num 便无法被访问。

继续修改示例代码，在 for-of 语句之外声明变量 num。修改后的示例代码如下：

```
// 其他代码略
.onClick((event: ClickEvent) => {
    const numbers = [1, 2, 3];

    let num: number = 0;  // 在 for-of 语句之外声明变量 num
    for (num of numbers) {
        console.log(num.toString());
    }

    console.log(num.toString());  // 输出：3
}
```

在这段示例代码中，在 for-of 语句之外提前声明了变量 num，该变量的作用域从声明处开始到 onClick 事件方法的代码块结束处结束。当 onClick 事件方法被触发执行时，numbers 和 num 被创建并赋值，接着执行 for-of 语句；在 for-of 语句中，重复多次利用变量 num 存储数组元素；在 for-of 语句执行完毕后，输出 num 的值为 3，这是数组 numbers 的最后一个元素的值，也是最后被存储在 num 中的值。在 onClick 事件方法执行完毕后，其中声明的 numbers 和 num 都被销毁。

对比以上示例代码，在 for-of 语句之中声明的变量的作用域和生命周期都要小于在 for-of 语句之外声明的变量。

3. 其他操作

除了遍历数组，我们也可以采用下标语法或数组提供的一系列方法来对数组元素进行访问、添加、删除、修改和查询等操作。

1）使用下标语法访问或修改数组元素

与字符串类似，数组也支持使用**下标语法**。数组下标语法的一般形式如下：

```
数组名[索引]    // 数组元素的索引也从 0 开始，索引的取值范围为 0～数组名.length-1
```

使用下标语法可以访问或修改数组元素，如果指定的索引越界，那么程序不会报错。示例如下：

```
// 其他代码略
.onClick((event: ClickEvent) => {
    const fruits = ['苹果', '香蕉', '柑橘'];

    // 使用下标语法访问数组元素
    console.log(fruits[0]);  // 输出：'苹果'

    // 访问不存在的索引不会报错但会返回 undefined
    console.log(fruits[-3]);  // 输出：undefined

    // 使用下标语法修改数组元素
    fruits[2] = '葡萄';
    console.log(JSON.stringify(fruits));  // 输出：["苹果","香蕉","葡萄"]

    // 尝试使用错误的索引
    fruits[-3] = '草莓';
    console.log(JSON.stringify(fruits));  // 输出：["苹果","香蕉","葡萄"]
    fruits[4] = '草莓';
    console.log(JSON.stringify(fruits));  // 输出：["苹果","香蕉","葡萄",null,"草莓"]
}
```

需要特别指出的是，尽管 fruits 是通过关键字 const 声明的，其数组元素依然可以被修改。这是因为数组属于引用类型。**对于引用类型，存储在变量或常量中的不是实例本身，而是指向该实例的引用**，如图 2-6 所示。

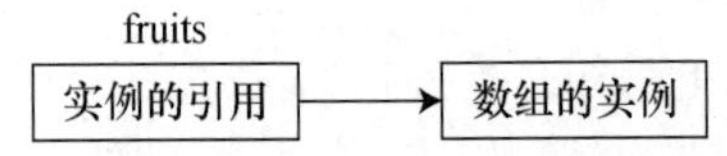

图 2-6 引用类型的变量（常量）存储的是实例的引用而不是实例本身

通过引用类型的方法或其他操作对实例进行的修改，并不会改变指向实例的引用本身。换句话说，变量或常量中保存的引用保持不变，变化的是引用所指向的实例。因此，在上述示例中，除非我们需要对 fruits 进行重新赋值，否则使用 const 声明它就足够了。

2）添加和删除数组元素

数组提供了一对方法 push 和 pop，分别用于向数组末尾添加元素和从数组末尾删除元素。示例如下：

```
// 其他代码略
.onClick((event: ClickEvent) => {
    const fruits = ['苹果', '香蕉', '柑橘'];

    // 从数组末尾删除元素
    fruits.pop();
    console.log(JSON.stringify(fruits));  // 输出：["苹果","香蕉"]

    // 向数组末尾添加元素
    fruits.push('桃子');
    console.log(JSON.stringify(fruits));  // 输出：["苹果","香蕉","桃子"]
}
```

如果需要向数组的指定索引位置添加元素或从指定索引位置删除元素，可以调用数组的 splice 方法。调用 splice 方法的语法格式如下：

```
数组名.splice(索引, 删除的元素数量, 添加的新元素 1, 添加的新元素 2, ……);
```

数组的 splice 方法的第一个参数“索引”表示添加或删除操作开始的位置，这是一个必选参数，之后的所有参数都是可选的。第二个参数表示需要删除的元素数量：如果该参数缺省，表示从索引指定的位置开始删除后面的所有元素；如果不是要删除元素而是要添加元素，可以将这个参数设置为 0。之后的参数都表示要添加的元素，个数不限，所有参数之间以逗号分隔。示例如下：

```
// 其他代码略
.onClick((event: ClickEvent) => {
    const fruits = ['苹果', '香蕉', '柑橘'];

    // 删除索引为 1 的元素
    fruits.splice(1, 1);
    console.log(JSON.stringify(fruits));  // 输出：["苹果","柑橘"]

    // 在索引为 0 的位置插入两个新元素
    fruits.splice(0, 0, '柚子', '樱桃');
    console.log(JSON.stringify(fruits));  // 输出：["柚子","樱桃","苹果","柑橘"]

    // 删除的同时添加元素，将'苹果'替换为'橙子'和'李子'
    fruits.splice(2, 1, '橙子', '李子');
    console.log(JSON.stringify(fruits));  // 输出：["柚子","樱桃","橙子","李子","柑橘"]

    // 删除索引为 2 的元素及之后的元素
    fruits.splice(2);
    console.log(JSON.stringify(fruits));  // 输出：["柚子","樱桃"]
}
```

3）查找数组元素

与字符串类似，数组也提供了方法 indexOf 和 lastIndexOf，用于从数组中查找给定的元素并返回其索引，如果未找到则返回-1（其他的规则也与字符串的方法 indexOf 和 lastIndexOf 一致）。示例如下：

```
const fruits = ['苹果', '香蕉', '柑橘'];
let idx: number;

idx = fruits.indexOf('柑橘');  // 2
idx = fruits.indexOf('桃子');  // -1
idx = fruits.lastIndexOf('柑橘');  // 2
```

4）将数组元素连接成字符串

数组提供了方法 join，用于将数组中的所有元素连接成一个字符串。方法 join 可以接收一个参数（string 类型），表示连接符，默认为逗号。将数组的方法 join 和字符串的方法 split 相结合，可以快速去除字符串中不需要的字符。示例如下：

```
let str = '小张 小王 小李 小赵';
let arr: string[];

// 将字符串中的空格改为逗号
arr = str.split(' ');  // 以空格作为分隔符将字符串分割成数组
str = arr.join();  // 以逗号作为连接符将数组元素连接成字符串
console.log(str);  // 输出：小张,小王,小李,小赵

// 去除字符串中的多余符号
str = '123-456-789';
arr = str.split('-');  // 以'-'作为分隔符将字符串分割成数组
str = arr.join('');  // 以空字符串作为连接符将数组元素连接成字符串
console.log(str);  // 输出：123456789
```

5）合并数组

通过数组的方法 concat 可以合并两个或多个数组，这个方法不会改变原数组，而是会返回一个新的数组。示例如下：

```
const arr1 = [1, 2, 3];
const arr2 = [4, 5, 6];
const arr3 = arr1.concat(arr2, [7, 8, 9]);
console.log(JSON.stringify(arr3));  // 输出：[1,2,3,4,5,6,7,8,9]
```

本节简单介绍了数组的一些基本用法，关于数组的进阶知识参见第 8 章。

2.2.4　枚举类型

枚举（enum）类型是一种独特的数据结构，旨在定义一系列具名值。枚举类型由零到多个枚举成员构成，每个枚举成员都是一个具名常量。枚举类型特别适合用来管理一组特定的相关值，例如月份名称、颜色种类或玩家角色等。

1. 基本用法

枚举类型使用关键字 enum 定义。定义枚举类型的语法格式如下：

```
enum 枚举类型名 {
    // 枚举成员，以逗号作为分隔符
}
```

对于**枚举类型名**和**枚举成员**，我们建议使用大驼峰命名风格来命名，即每个单词的首字符大写，其余字符都小写，中间不使用下画线。按照枚举成员的类型，枚举类型可以划分为数值枚举和字符串枚举。

1）数值枚举

数值枚举是最常用的枚举类型，它由一组命名的数值常量构成。示例程序如代码清单 2-2 所示。

代码清单 2-2 Index.ets

```
01  @Entry
02  @Component
03  struct Index {
04    build() {
05      Row() {
06        Column() {
07          Button('运行')
08            // 其他代码略
09            .onClick((event: ClickEvent) => {
10              let size: Size = Size.Small;
11              console.log(size.toString());  // 输出：0
12              size = Size.Large;
13              console.log(size.toString());  // 输出：2
14            })
15        }
16        .width('100%')
17      }
18      .height('100%')
19    }
20  }
21
22  // 枚举类型 Size 定义在 ets 文件的顶层
23  enum Size {
24    Small,  // 0
25    Middle,  // 1
26    Large,  // 2
27  }
```

数值枚举类型的枚举值是基于数值的，每个成员都表示一个具体的数字，在默认情况下，成员的值从 0 开始递增。上面的示例程序在 Index.ets 的顶层定义了一个枚举类型 Size，其中包含 3 个成员——Small、Middle 和 Large，这 3 个成员对应的数值常量分别为 0、1 和 2。

注 枚举类型也可以定义在程序的其他位置，例如函数、方法中。

在访问枚举成员时，我们可以使用以下方式：

```
枚举类型名.枚举成员      // 枚举类型名不可以省略
```

示例程序的第10行和第12行就用以上方式访问了相应的枚举成员。

在定义数值枚举类型时，我们可以为一个或多个枚举成员设置初始值。对于未指定初始值的成员，其值为前一个成员的值加1。示例如下：

```
// 表示网络错误代码的数值枚举类型
enum HttpErrorCode {
    Unauthorized = 401,
    PaymentRequired,  // 402
    Forbidden,  // 403
    NotFound,  // 404
    NotImplemented = 501,
    BadGateway,  // 502
}
```

在这个例子中，只为两个枚举成员Unauthorized和NotImplemented设置了初始值。由于ArkTS数值枚举自动递增的特性，PaymentRequired、Forbidden和NotFound分别自动被赋予了402、403和404的值。同样地，BadGateway自动被赋予了502的值。

枚举成员的初始值除了可以使用数值字面量，也可以通过数值或其他枚举成员构成的表达式计算得到。示例如下：

```
enum Size {
    Small = 1,  // 使用数值字面量作为初始值
    Middle,
    Large = Small + Middle,   // 3，使用其他枚举成员构成的表达式作为初始值
}
```

上面示例中的枚举成员Large的初始值是通过枚举成员Small和Middle的值计算出来的。

数值枚举类型是number类型的子类型，因此可以直接将数值枚举值赋给number类型的变量。示例如下：

```
// 其他代码略
.onClick((event: ClickEvent) => {
    let num: number;
    num = HttpErrorCode.Unauthorized;  // 401
}

// 表示网络错误代码的数值枚举类型
enum HttpErrorCode {
    // 代码略
}
```

注　关于子类型的相关知识详见5.4节。

另外，number类型的值也能够赋给数值枚举类型的变量，并且即使number类型的值不是有效的枚举成员，也不会产生错误。示例如下：

```
// 其他代码略
.onClick((event: ClickEvent) => {
    let errCode: HttpErrorCode;
    errCode = 401;  // HttpErrorCode.Unauthorized
    errCode = 606;  // 606，不会产生错误
}

// 表示网络错误代码的数值枚举类型
enum HttpErrorCode {
    // 代码略
}
```

2）字符串枚举

字符串枚举与数值枚举相似，不过字符串枚举要求每个成员都必须用字符串字面量或另一个字符串枚举成员进行初始化。示例如下：

```
// 表示图形的枚举类型
enum Shape {
    // 使用字符串字面量进行初始化
    Circle = 'Circle',
    Rectangle = 'Rectangle',
    Triangle = 'Triangle',

    // 使用另一个枚举成员进行初始化
    C = Circle,
    Rect = Rectangle,
    Tri = Triangle,
}
```

字符串枚举类型是 string 类型的子类型，因此可以直接将字符串枚举值赋给 string 类型的变量。

2. 枚举成员类型

每个枚举成员都可以作为类型使用。示例如下：

```
// 其他代码略
.onClick((event: ClickEvent) => {
    // 将枚举成员直接作为变量类型
    let shapeKind1: Shape.Circle;
    let shapeKind2: Shape.Rectangle;
    let shapeKind3: Shape.Triangle;
}

enum Shape {
    Circle = 'Circle',
    Rectangle = 'Rectangle',
    Triangle = 'Triangle',
}
```

将变量声明为特定的枚举成员表示的类型，实际上让这些变量只能被赋予它们对应的枚举成员作为值。在上面的例子中，变量 shapeKind1 只能被赋值为 Shape.Circle，shapeKind2 只能被赋值为 Shape.Rectangle，而 shapeKind3 只能被赋值为 Shape.Triangle。如果将它们设置为任何其他的值，编译器将会报错，因为这与它们声明的类型不匹配。

这种用法利用 ArkTS 的枚举类型和类型系统的能力来实现更严格的类型检查，从而帮助开发者避免错误，确保变量值在预定义的枚举成员范围内。

2.2.5 typeof 操作符

ArkTS 提供了 typeof 操作符，用于检测给定变量、常量或字面量的数据类型。使用 typeof 操作符的语法格式如下：

```
typeof 操作数    // 该表达式的返回类型为 string
```

示例如下：

```
// 其他代码略
.onClick((event: ClickEvent) => {
    const num = 10;
    const message = 'Hello World';
    const flag = false;

    console.log(typeof num);  // 'number'
    console.log(typeof message);  // 'string'
    console.log(typeof flag);  // 'boolean'
}
```

再看一个例子，代码如下：

```
// 其他代码略
.onClick((event: ClickEvent) => {
    let value: string | number | boolean;  // value 是联合类型

    value = true;
    console.log(typeof value);  // 'boolean'

    value = 'x';
    console.log(typeof value);  // 'string'

    value = 10;
    console.log(typeof value);  // 'number'
}
```

对于**对象**或 **null** 值，typeof 操作符返回的类型为 object。

object 类型（注意“o”是小写的）表示所有非原始类型。非原始类型是除 number、string、boolean、null 和 undefined 之外的任何类型。需要注意的是，尽管 null 不是 object 类型，但是用

typeof 操作符测试 null 值时返回的类型为 object。如果在使用 typeof 操作符时获得的返回类型为 object，可以通过比较操作符进一步确定操作数是否为 null 值。

说明 关于比较操作符的相关知识详见 2.3.2 节。

另外，函数也是一种特殊的对象，不过函数类型具有其特有的特性和用法，区别于普通对象类型。对于函数，typeof 操作符返回的类型为 function。关于函数的相关知识详见第 4 章。

下面我们给出一个 object 类型使用的示例，代码如下：

```
// 其他代码略
.onClick((event: ClickEvent) => {
    let obj: object;
    obj = [1, 2, 3, 4];  // 可以
    obj = (a: number, b: number) => { a - b };  // 可以，赋值号右侧是一个箭头函数
    obj = 18;  // 编译错误
    obj = 'abc';  // 编译错误
    obj = true;  // 编译错误
}
```

如果已经确定操作数是一个对象，但还需要进一步判断对象的具体类型，那么可以使用 instanceof 操作符。示例如下：

```
// 其他代码略
.onClick((event: ClickEvent) => {
    const numbers = [1, 2, 3];  // numbers 是一个数组（Array）对象
    console.log(typeof numbers);  // 'object'
    console.log((numbers instanceof Array).toString());  // 输出：true
}
```

注 关于 instanceof 操作符的用法详见 5.5.3 节。

2.2.6 类型别名

在 ArkTS 中，关键字 type 用于给一个类型命名一个别名，其语法格式如下：

```
type 类型别名 = 类型名;
```

其中，类型名可以是基本类型、联合类型或任何其他类型。使用类型别名可以让复杂的类型更易于理解和重用。示例如下：

```
// 给基本类型命名一个别名
type Str = string;

// 给联合类型命名一个别名
type BoolOrString = boolean | string;

// 使用类型别名 Str
```

```
const message: Str = 'Type Aliases';

// 使用类型别名 BoolOrString
let flag: BoolOrString;
flag = true;  // 将 boolean 类型的值赋给 flag
flag = 'false';  // 将 string 类型的值赋给 flag
```

在定义类型别名时需要注意两点：每个类型别名在其作用域内必须是唯一的，不能给两个不同的类型命名相同的别名；类型别名一旦被定义，就不能被更改或重新定义。

总之，对于复杂的类型定义，使用类型别名能够提高代码的可读性和可维护性。但应当注意保持类型定义的简洁，避免创建过于复杂的类型，否则可能会增加理解和维护的难度。

2.3 常用操作符

在本节中，我们将介绍几类常用的操作符，包括算术操作符、比较操作符、逻辑操作符和复合赋值操作符。算术操作符用于实现基本的数学运算；比较操作符用于判断值之间的相等或大小关系；逻辑操作符允许我们根据条件组合逻辑表达式；复合赋值操作符则是赋值操作的一个扩展，它将其他操作（如加法或乘法）与赋值结合在一起，以供我们更高效地编码。通过本节的学习，你可以了解常用操作符的用法。

2.3.1 算术操作符

算术操作符用于对**数值类型的操作数**进行各种算术运算。ArkTS 提供的算术操作符如表 2-6 所示。

表 2-6 ArkTS 提供的算术操作符

操作数类别	算术操作符
一元	+（正号）、-（负号）
	++（递增）、--（递减）
二元	**（乘方）
	+（加法）、-（减法）
	*（乘法）、/（除法）、%（取模）

一元操作符是只需要一个操作数的操作符，二元操作符是需要两个操作数的操作符。

1. 正号和负号

正号和负号是一元前缀操作符，其对应的用法如下：

```
+操作数
-操作数
```

正号放在操作数前面，对操作数不会产生任何影响；负号主要用于表示负数，例如将 10 转换为-10。

示例如下：

```
const num1 = +10;  // 10，“+”表示数值字面量的正号
const num2 = -num1;  // -10，“-”用于将 num1 的值转换为负数赋给 num2
```

2. 递增和递减操作符

递增和递减操作符用于增大或减小变量的值。这两个操作符可以作为前缀或后缀使用，具体的行为取决于它们的位置。

1）前缀递增和前缀递减

前缀递增和前缀递减的用法如下：

```
++操作数     // 前缀递增
--操作数     // 前缀递减
```

以上表达式的作用是将操作数（变量）的值加 1（或减 1），然后返回新值。示例如下。

```
let num1 = 10;  // num1 的值为 10

// 递增操作符先将 num1 的值加 1（num1 变为 11），再将 11 赋给 num2
let num2 = ++num1;  // num2 的值为 11

// 递增操作符先将 num2 的值加 1（num2 变为 12），再计算表达式 12 - 5，将结果 7 赋给 num3
let num3 = ++num2 - 5;  // num3 的值为 7
```

2）后缀递增和后缀递减

后缀递增和后缀递减的用法如下：

```
操作数++     // 后缀递增
操作数--     // 后缀递减
```

以上表达式的作用是先返回操作数（变量）的值，再将操作数的值加 1（或减 1）。示例如下：

```
let num1 = 10;  // num1 的值为 10

// 递减操作符先将 num1 的值赋给 num2，再将 num1 减 1（num1 变为 9）
let num2 = num1--;  // num2 的值为 10

// 递减操作符先计算表达式 10 - 5，将结果 5 赋给 num3，再将 num2 的值减 1（num2 变为 9）
let num3 = num2-- - 5;  // num3 的值为 5
```

3. 乘方操作符

乘方操作符“**”用于进行幂运算，其用法如下：

```
底数 ** 指数
```

示例如下：

```
4 ** 1.5  // 8，相当于 4^1.5
2 ** 3  // 8，相当于 2^3
```

乘方操作符是*右结合*的，即如果表达式中有多个乘方操作符，则从右向左计算。示例如下：

```
2 ** 4 ** 1.5  // 256
```

对于以上表达式，先计算 4 ** 1.5，得到结果 8，再计算 2 ** 8，得到结果 256。如果需要提升运算的优先级，可以使用圆括号。示例如下：

```
(2 ** 4) ** 1.5  // 64
```

对于以上表达式，先计算圆括号部分，得到结果 16 之后，再计算 16 ** 1.5，得到结果 64。

4. 加法和减法操作符

加法操作符“+”用于求和，减法操作符“-”用于求差。对应的用法如下：

```
左操作数 + 右操作数      // 求和
左操作数 - 右操作数      // 求差
```

加法和减法操作符是左结合的，即如果表达式中有多个加法或减法操作符，则从左向右计算。这两个操作符的优先级是相同的。示例如下：

```
2 + 4  // 6，求和
5 - 2  // 3，求差
9 - 7 + 2  // 4，多个加减号按从左向右的顺序计算，先求差再求和
9 - (7 + 2)  // 0，使用圆括号提升优先级，先求和再求差
```

另外，加法操作符“+”还可以用于拼接字符串。

5. 乘法、除法和取模操作符

乘法操作符“*”用于求积，除法操作符“/”用于求商，而取模操作符“%”用于求余数。对应的用法如下：

```
左操作数 * 右操作数      // 求积
左操作数 / 右操作数      // 求商，左操作数表示被除数，右操作数表示除数
左操作数 % 右操作数      // 求余数，左操作数表示被除数，右操作数表示除数
```

余数是指除法中被除数未被除尽的部分，余数的取值范围为 0 到除数之间（不包括除数本身）。

这三个操作符都是左结合的，并且优先级相同。示例如下：

```
2 * 3  // 6
9 / 8  // 1.125
9 % 8  // 1
9 % 9  // 0
45 % 7 * 4  // 12，先取模再求积
45 % (7 * 4)  // 17，使用圆括号提升优先级，先求积再取模
```

6. 算术操作符的优先级

当一个表达式中出现多个操作符时，其运算顺序遵循操作符的优先级规则：先执行较高优先级的操作符，后执行较低优先级的操作符。对于优先级相同的操作符，我们可以根据操作符的结合性来确定运算顺序。

为了调整运算顺序，我们可以用圆括号来提升特定运算的优先级。在涉及多组圆括号的情

况下，运算将从最内层的圆括号开始逐步向外层展开；在相同层级的圆括号中，运算顺序从左至右进行。

在 ArkTS 中，算术操作符的整体优先级从高到低为一元操作符 > 二元操作符。二元操作符的优先级从高到低为乘方 > 乘法、除法、取模 > 加法、减法。

示例如下：

```
3 + 4 * 5  // 23，先计算乘法，再计算加法
(3 + 4) * 5  // 35，先计算加法，再计算乘法
(6 + 3) / (5 - 2)  // 3，先计算加法、减法，再计算除法
```

除了可以用于提升优先级，我们也可以在复杂的表达式中加上一些圆括号使得程序更易读，即使对优先级没有影响。示例如下：

```
(6 / 3) - (5 * 2)
3 + 4 * (-5)
```

2.3.2 比较操作符

比较操作符及其含义如表 2-7 所示。

表 2-7 比较操作符及其含义

操作符	含 义
<（小于）	用于大小关系比较
>（大于）	
<=（小于等于）	
>=（大于等于）	
==（等于）	用于相等性判断
!=（不等于）	
===（全等于）	
!==（不全等于）	

比较操作符的用法如下：

```
左操作数 比较操作符 右操作数
```

比较操作符用于比较两个操作数的大小关系并返回一个布尔值来表示比较的结果：如果被比较的两个操作数符合操作符给定的关系则返回 true，否则返回 false。示例如下：

```
6 > 5  // true
3 < 3  // false
```

在使用比较操作符时，我们需要注意操作数的类型。一般情况下，两个操作数的类型应该是相匹配的。例如，下面的表达式会导致编译错误。

```
// 编译错误
'23' < 3  // string类型和number类型的操作数不能比较
```

```
true == 1  // boolean 类型和 number 类型的操作数不能比较
false != 'false'  // boolean 类型和 string 类型的操作数不能比较
```

但在某些情况下，两个操作数的类型可以是不匹配的，常见的情况如下。

- 一个操作数是某基本类型，另一个操作数是对应的包装类型。例如，一个操作数是 number 类型的值，而另一个操作数是 Number 类型的值。
- 一个操作数是数值或字符串，另一个操作数是对象。

1. 大小关系比较

在进行大小关系比较时，如果两个操作数都是数值，则进行数值比较；如果两个操作数都是字符串，则进行字符串比较。

数值比较的规则与数学上的比较规则一样。但是对字符串操作数进行比较时，比较的是字符的 Unicode 值的大小。例如，字符'a'的 Unicode 值为 97，字符'A'的 Unicode 值为 65，因此有：

```
'a' > 'A'  // true
```

注　在常见字符中，数字字符'0'～'9'的 Unicode 值是 48～57，大写英文字母'A'～'Z'的 Unicode 值是 65～90，小写英文字母'a'～'z'的 Unicode 值是 97～122。

字符串比较遵循逐字符比较的规则：从两个字符串的第一个字符开始，比较它们的 Unicode 值。如果第一个字符相等，则比较下一个字符，以此类推，直至找到不相等的字符或达到字符串的末尾，该不相等字符的比较结果就是这两个字符串比较的结果；如果在所有相同位置的字符都相等的情况下，两个字符串的长度不同，则较短的字符串小于较长的字符串。示例如下：

```
'23' < '3'  // true，第 1 个字符'2'小于'3'
'abc' < 'Abc'  // false，第 1 个字符'a'大于字符'A'
'ABCD' > 'ABc'  // false，第 3 个字符'C'小于'c'
'ABCD' > 'ABC'  // true，前 3 个字符都相等，长的字符串'ABCD'大于短的字符串'ABC'
```

如果两个操作数的类型不同（在不引起编译错误的前提下），其中一个操作数为数值而另一个操作数不是数值，那么 ArkTS 会强制将另一个操作数转换为数值并进行数值比较。

下面我们来看两个操作数类型不同的例子。

在下面的示例中，左操作数是一个 number 类型的值，右操作数是一个 Number 类型的实例。在比较时，ArkTS 会强制将 Number 实例转换为其原始值 10，然后进行数值比较。代码如下：

```
const num1: number = 15;
const num2: Number = 10;
const result = num1 <= num2;
console.log(result.toString());  // 输出：false
```

如果一个操作数是数值而另一个操作数是对象，则调用这个对象的 valueOf 方法，用 valueOf 方法的返回值与数值操作数进行比较；如果对象没有 valueOf 方法，则调用对象的 toString 方法，并用 toString 方法的返回值按照前面的规则进行比较。关于对象的相关知识参见第 5 章，此处我们给出一个示例，代码如下：

```
class MyObject {
    valueOf() {
        return 1;  // 返回值为 1
    }
}

const obj: MyObject = new MyObject();
const result = obj > 0;
console.log(result.toString());  // 输出：true
```

2. 相等性判断

在编程时，判断两个值是否相等是一个非常重要的操作。ArkTS 提供了以下两组用于相等性判断的操作符。

- 等于（==）和不等于（!=）。
- 全等于（===）和不全等于（!==）。

这两组操作符的一般判断规则是相同的：对于等于和全等于，如果两个操作数相等则返回 true，否则返回 false；对于不等于和不全等于，如果两个操作数不相等则返回 true，否则返回 false。示例如下：

```
3 != 5  // true
'abc' == 'Abc'  // false
5 == NaN  // false

6 === 6  // true
'ABC' !== 'ABC'  // false
10 !== NaN  // true
```

这两组操作符的主要区别在于：等于和不等于操作符在比较不同类型的操作数时，会先进行类型转换，而全等于和不全等于操作符不会进行类型转换。示例如下：

```
class MyObject {
    valueOf() {
        return 1;
    }
}

const obj = new MyObject();
let result = obj == 1;
console.log(result.toString());  // 输出：true

result = obj === 1;
console.log(result.toString());  // 输出：false
```

在使用等于符号比较对象 obj 和数值 1 时，ArkTS 会自动进行类型转换，调用 obj 的 valueOf 方法将 obj 转换为数值，然后进行数值比较，结果为 true；而使用全等于比较时，

obj 不会被转换，表达式 obj === 1 就是对一个对象和一个数值进行比较，这两者是不相等的，结果为 false。

另外，在使用等于或不等于比较 null 值和 undefined 值时，规定 null 值与 undefined 值是相等的；在使用全等于或不全等于比较 null 值和 undefined 值时，null 值与 undefined 值是不相等的，因为它们是不同类型的值。示例如下：

```
null == undefined  // true
null === undefined  // false
```

综上所述，全等于和不全等于在进行比较操作时更严格，使用这两个操作符可以避免因隐式类型转换带来的意外结果。

3. 比较操作符的优先级和结合性

所有比较操作符都是*左结合*的，并且它们的优先级都相同。在 ArkTS 中，比较操作符的优先级低于算术操作符。如果表达式中同时出现了算术操作符和比较操作符，那么先进行算术运算，再进行比较操作。

2.3.3 逻辑操作符

*逻辑操作符*用于对布尔类型进行逻辑运算，包括 1 个一元前缀操作符*逻辑非*（!）和两个二元操作符*逻辑与*（&&）、*逻辑或*（||）。逻辑操作符的用法如下：

```
!操作数     // 逻辑非
左操作数 && 右操作数     // 逻辑与
左操作数 || 右操作数     // 逻辑或
```

逻辑非“!”是右结合的，逻辑与“&&”和逻辑或“||”是左结合的。逻辑操作符的优先级从高到低依次为逻辑非 > 逻辑与 > 逻辑或。逻辑操作符的优先级低于算术操作符和比较操作符。

1. 逻辑非

逻辑非的运算规则很简单，即对操作数的逻辑值取反，如表 2-8 所示。

表 2-8 逻辑非的运算规则

操作数	!操作数
true	false
false	true

如果逻辑非操作符的操作数不是布尔值，那么 ArkTS 会自动进行隐式类型转换将操作数转换为布尔值，再进行逻辑非运算（关于类型转换的相关内容参见 2.2.1 节）。示例如下：

```
!''  // true，空字符串被转换为 false，再对 false 取反
!3  // false，数值 3 被转换为 true，再对 true 取反
!false  // true
```

提示 以下两个表达式的结果是相同的。

```
!!操作数
Boolean(操作数)
```

2. 逻辑与

如果逻辑与运算的两个操作数均为布尔类型，则其运算规则如表 2-9 所示，即只有当两个操作数均为 true 时，运算结果才为 true，否则为 false。

表 2-9 逻辑与的运算规则

左操作数	右操作数	左操作数 && 右操作数
true	true	true
true	false	false
false	true	false
false	false	false

如果逻辑与运算的操作数中有一个不是布尔值，那么逻辑与操作不一定会返回布尔值。此时，逻辑与运算遵循以下规则。

- 如果左操作数是假值，则返回左操作数的值。
- 如果左操作数是真值，则返回右操作数的值。

真值（truthy）是指在布尔上下文中转换为 true 的值，而**假值**（falsy）是指在布尔上下文中转换为 false 的值。假值包括 false、0、''（空字符串）、null、undefined、NaN。所有其他值，包括所有正数和负数（除了 0 和−0）、对象、非空字符串等，都被认为是真值。示例如下：

```
3 && 5  // 5
0 && 'hello'  // 0
1 && 'hello'  // 'hello'
true && 5  // 5
5 && false  // false
```

3. 逻辑或

如果逻辑或运算的两个操作数均为布尔类型，则其运算规则如表 2-10 所示，即只要两个操作数中至少有一个为 true，运算结果即为 true，否则为 false。

表 2-10 逻辑或的运算规则

左操作数	右操作数	左操作数 || 右操作数
true	true	true
true	false	true
false	true	true
false	false	false

如果逻辑或运算的操作数中有一个不是布尔值，那么逻辑或操作也不一定会返回布尔值。此时，逻辑或运算遵循以下规则。

- 如果左操作数是**真值**，则返回左操作数的值。
- 如果左操作数是**假值**，则返回右操作数的值。

示例如下：

```
3 || 5  // 3
0 || 'hello'  // 'hello'
1 || 'hello'  // 1
true || 5  // true
5 || false  // 5
```

逻辑与（&&）和逻辑或（||）在运算时具有*逻辑短路*的特性，即逻辑与和逻辑或在进行逻辑运算时，如果根据已经计算的部分就能确定整个表达式的结果，就不再计算剩下的部分。具体来说，对于以下表达式：

```
左操作数 && 右操作数
```

如果左操作数是假值，那么逻辑与运算将不会继续计算右操作数的值，而是直接返回左操作数的值。

对于以下表达式：

```
左操作数 || 右操作数
```

如果左操作数是真值，那么逻辑或运算将不会继续计算右操作数的值，而是直接返回左操作数的值。

示例如下：

```
3 < 6 && 6  // 6，先计算 3 < 6，结果为 true，继续计算 6，返回 6
3 > 6 && 6  // false，先计算 3 > 6，结果为 false，直接返回 false（不再计算 6）
3 < 6 || 6  // true，先计算 3 < 6，结果为 true，直接返回 true（不再计算 6）
3 > 6 || 6  // 6，先计算 3 > 6，结果为 false，继续计算 6，返回 6
```

2.3.4 复合赋值操作符

在前面的章节中，我们介绍过赋值操作符“=”的用法（见 2.1 节）。复合赋值操作符用于将二元操作符与赋值操作符合并为一个操作。这种操作不仅可以简化代码，还可以提高代码的可读性。复合赋值操作的一般语法格式如下：

```
变量名 op= 操作数
```

其中，op 是一个二元操作符，比如乘方、乘法、减法等。以上语句等价于：

```
变量名 = 变量名 op 操作数
```

示例如下：

```
let num = 10;
```

```
num += 5;  // num 值为 15，相当于 num = num + 5
num *= 2;  // num 值为 30，相当于 num = num * 2
```

赋值操作符和复合赋值操作符在 ArkTS 的所有操作符中优先级是比较低的。总的来说，各种常用操作符的优先级从高到低依次为圆括号 > 算术操作符 > 比较操作符 > 逻辑操作符 > 赋值操作符和复合赋值操作符。

2.4 常用数学函数

算术操作符可以帮助我们完成基本的算术操作，如加法、减法等。除了基本的操作符，ArkTS 的内建对象 Math 提供了一系列属性和方法用于执行常见的数学运算，例如四舍五入、计算平方根、求指数和对数等。这些属性和方法不仅丰富了我们的编程工具箱，还为解决实际问题提供了强大的支持。通过 Math 对象，我们可以直接访问这些属性和方法，不需要任何初始化或导入的操作。

1. Math 对象的常用属性

Math 对象的常用属性如下。

- PI：表示圆周率 π，其值约为 3.14159。
- E：表示自然常数 e，其值约为 2.71828。

在任何需要使用圆周率或自然常数的地方，我们可以直接通过 Math.PI 或 Math.E 访问这两个数学常数。示例如下：

```
// 获取 PI 的值
const pi = Math.PI;
console.log(pi.toString());  // 输出：3.141592653589793

// 获取 E 的值
const e = Math.E;
console.log(e.toString());  // 输出：2.718281828459045
```

2. Math 对象的常用方法

Math 对象的常用方法如表 2-11 所示。

表 2-11 Math 对象的常用方法

方　法	说　明
abs(x)	返回 x 的绝对值
sqrt(x)	返回 x 的正平方根
pow(x, y)	返回 x（底数）的 y（指数）次幂
round(x)	对 x 进行四舍五入运算
floor(x)	对 x 向下取整，返回小于等于 x 的最大整数
ceil(x)	对 x 向上取整，返回大于等于 x 的最小整数
exp(x)	返回自然常数 e 的 x 次幂

续表

方　法	说　明
log(x)	返回 x 的自然对数（底数为自然常数 e）
sin(x)	返回 x 的正弦值，x 为弧度
cos(x)	返回 x 的余弦值，x 为弧度
tan(x)	返回 x 的正切值，x 为弧度

方法 round 的作用是对传入的参数进行四舍五入，其返回值一般为最接近 x 的整数；但当 x 的小数部分恰好为 0.5 时，其返回值为接近 x 的两个整数中较大的那个。示例如下：

```
// 基本的四舍五入规则
Math.round(2.1)  // 2，返回最接近 2.1 的整数 2
Math.round(2.9)  // 3，返回最接近 2.9 的整数 3

// 对负数也同样适用
Math.round(-2.1)  // -2，返回最接近-2.1 的整数-2
Math.round(-2.9)  // -3，返回最接近-2.9 的整数-3

// 当小数部分恰好为 0.5 时，返回接近 x 的两个整数中较大的那个
Math.round(2.5)  // 3，返回 2 和 3 中较大的 3
Math.round(-2.5)  // -2，返回-3 和-2 中较大的-2
```

方法 sin、cos 和 tan 用于计算三角函数值，这 3 个方法传入的参数为弧度。如果给出的是角度，可以先用以下公式转换为弧度：

```
弧度 = 角度 * 圆周率 / 180.0
```

例如，使用以下表达式可以计算 sin90° 的值：

```
Math.sin(90 * Math.PI / 180)  // 1
```

以下是一些常用数学函数的计算示例：

```
// 绝对值
Math.abs(-5)  // 5

// 平方根
Math.sqrt(9)  // 3

// 幂运算
Math.pow(2, 3)  // 8
Math.pow(27, 1 / 3)  // 3

// 向下取整
Math.floor(5.1)  // 5
Math.floor(5.9)  // 5

// 向上取整
```

```
Math.ceil(5.1)  // 6
Math.ceil(5.9)  // 6

// 指数运算
Math.exp(1)  // 2.718281828459045

// 对数运算
Math.log(Math.E)  // 1
```

本章主要知识点

- □ 变量与常量的声明与使用
- □ 数据类型
  - ■ 三种基本数据类型
    - ◆ number、boolean、string 类型以及它们的包装类型
    - ◆ 字符串的常用方法
    - ◆ 三种基本数据类型的互相转换
  - ■ 联合类型
  - ■ 数组
    - ◆ 数组的定义
    - ◆ 数组的遍历
    - ◆ 数组元素的增、删、改、查
    - ◆ 数组的其他操作
  - ■ 枚举类型
  - ■ typeof 操作符的用法
  - ■ 类型别名的定义
- □ 常用操作符
  - ■ 算术操作符
  - ■ 比较操作符
  - ■ 逻辑操作符
  - ■ 复合赋值操作符
- □ 通过 Math 对象的属性和方法实现各种常用数学函数

第3章 流程控制语句

3

在 ArkTS 编程中，流程控制语句是管理程序执行流程的核心工具。利用这类语句，我们可以根据不同的条件和情景控制代码的执行路径，以及重复执行特定的代码块直到满足特定条件。本章将深入探讨 ArkTS 中的流程控制语句，包括各种条件语句和循环语句。通过本章的学习，你将掌握如何有效地使用这些流程控制语句来构建灵活且高效的 ArkTS 程序。无论是处理复杂的决策逻辑，还是执行重复任务，这些控制结构都是我们的编程工具箱中不可或缺的一部分。

3.1 概述

语句用于完成给定任务，通常会使用一个或多个关键字。语句可以很简单，例如声明一个变量；也可能会很复杂，例如重复执行一个命令 100 次。ArkTS 语句以一个分号结尾（该分号也可以省略）。例如，在我们的第一个 ArkTS 程序中就有这样一条语句：

```
@State message: string = 'Hello World';  // 语句末尾有一个表示语句结束的分号
```

这行代码末尾的分号是可以省略的。需要注意的是，只能在语句末尾添加分号。例如，下面的代码是合法的：

```
Text(this.message)
    .fontSize(50)
    .fontWeight(FontWeight.Bold);  // 在末尾添加了一个分号表示整个语句结束
```

但是以下的代码将导致错误：

```
Text(this.message)
    .fontSize(50);  // 在链式调用中间添加了分号，导致编译错误
    .fontWeight(FontWeight.Bold)
```

流程控制语句控制着程序代码的执行流程，可供我们根据特定的条件或情况来决定代码如何执行。如果没有各种流程控制语句，程序就只能自上往下按照固定的顺序来执行。ArkTS 的流程控制语句可以分为条件语句和循环语句。

条件语句用于基于特定条件来控制程序的执行流程：如果条件满足，则执行对应的代码块；如果条件不满足，则执行另一个代码块（或不执行任何代码）。ArkTS 提供的条件语句有 **if 语句**和 **switch 语句**，还有一个**条件表达式**可供选择。

循环语句允许程序重复执行一段代码，直到满足特定的结束条件。循环语句通常用于处理重复任务。ArkTS 提供的循环语句有 **do-while 语句**、**while 语句**和 **for 语句**，还提供了 **continue 语句**和 **break 语句**用于在循环中精确地控制代码的执行（break 语句也用于 switch 语句中）。另外，ArkTS 中有一个 **for-of 语句**用于遍历一些数据结构（如数组），前文已经介绍过了（见 2.2.3 节）。

3.2 条件语句

本节主要介绍 ArkTS 的 if 语句、switch 语句和条件表达式。if 语句是处理决策逻辑时的首选工具；当需要根据同一个表达式的不同值执行不同操作时，switch 语句可能会带来更清晰简洁的代码；而条件表达式特别适用于简单的条件赋值和决策。

3.2.1 if 语句

if 语句有多种形式，最简单的是**单分支 if 语句**。其语法格式如下：

```
if (条件) {
    代码块
}
```

ArkTS 的流程控制语句中的条件可以是任意表达式。如果这个表达式求值的结果不是布尔值，那么程序会自动将这个表达式的结果隐式转换为一个布尔值（见 2.2.1 节）。

以上单分支 if 语句在执行时，如果对条件求值的结果为 true，则执行花括号中的代码块；如果对条件求值的结果为 false，则不执行花括号中的代码块，如图 3-1 所示。在这种 if 语句中，代码块是否会被执行完全取决于条件的值。

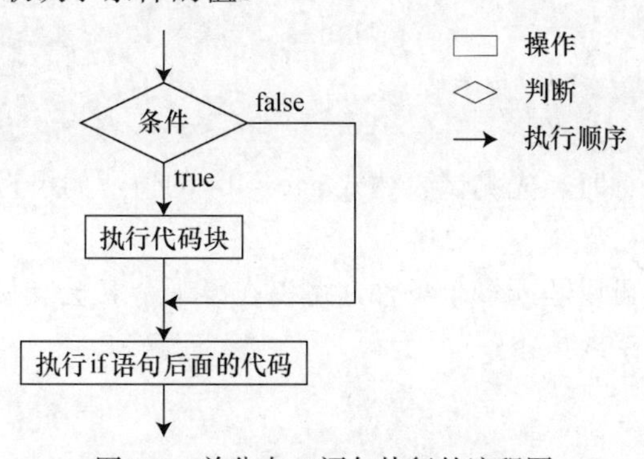

图 3-1 单分支 if 语句执行的流程图

示例如下：

```
if (age < 14) {
    console.log('儿童');
}
```

以上是一个代码片段，其中的 if 语句在执行时，先测试表达式 age < 14 的值，如果为 true，则 HiLog 窗口输出“儿童”，否则 HiLog 窗口不输出任何内容。

如果我们希望以上示例代码在任何情况下都可以输出相应的提示信息，则可以在刚刚的 if 语句后加上一个 else 分支，构成**双分支 if 语句**。其语法格式如下：

```
if (条件) {
    代码块 1
} else {
    代码块 2
}
```

以上 if 语句在执行时，如果对条件求值的结果为 true，则执行代码块 1，否则执行代码块 2，如图 3-2 所示。在这种 if 语句中，代码块 1 和代码块 2 中必定有且只有一个会被执行。

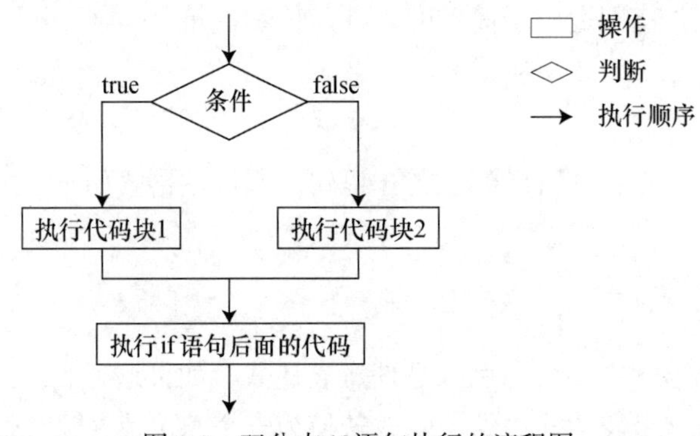

图 3-2 双分支 if 语句执行的流程图

我们可以修改一下示例代码：

```
if (age < 14) {
    console.log('儿童');
} else {
    console.log('不是儿童');
}
```

修改后的 if 语句在执行时，先测试表达式 age < 14 的值，如果为 true，则 HiLog 窗口输出“儿童”，否则输出“不是儿童”。

如果希望一个 if 语句可以匹配多个条件，可以在第 1 个 if 分支后面添加多个 else if 分支，构成**多行 if 语句**。其语法格式如下：

```
if (条件 1) {
    代码块 1
} else if (条件 2) {
    代码块 2
} ……
    ……
} else if (条件 n) {
    代码块 n
}[ else {
    代码块 n+1
}]
```

以上 if 语句的执行过程如下。

- 若条件 1 的值为 true，则执行代码块 1，if 语句结束，否则测试条件 2。
- 若条件 2 的值为 true，则执行代码块 2，if 语句结束，否则测试下一个条件，以此类推。
- 若条件 *n* 的值为 true，则执行代码块 *n*，if 语句结束。
- 若条件 *n* 的值为 false 且最后没有 else 分支，则 if 语句结束，不执行任何代码。若条件 *n* 的值为 false 且最后有 else 分支，则执行代码块 *n*+1，if 语句结束。

多行 if 语句执行的流程图如图 3-3 所示。

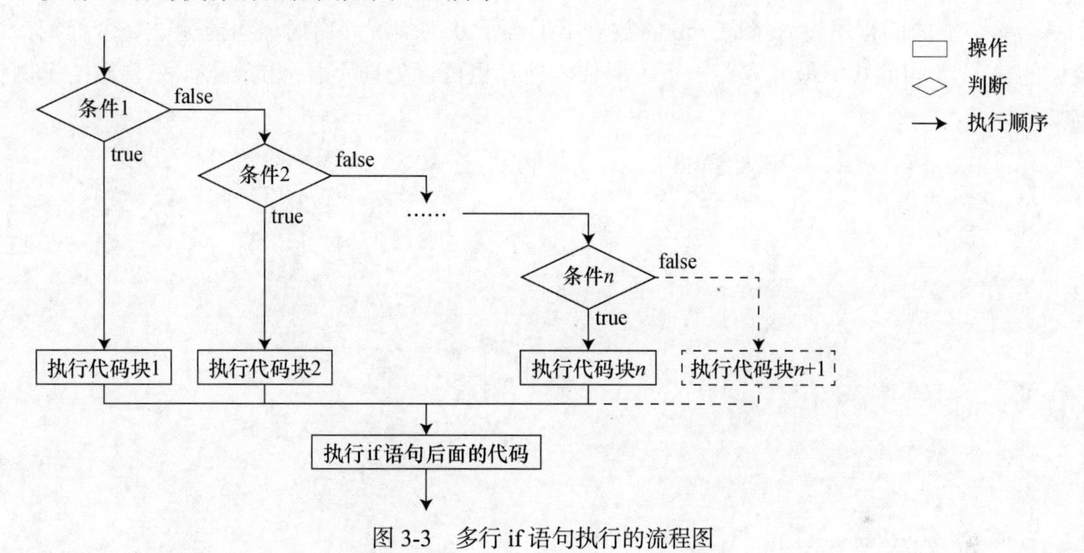

图 3-3 多行 if 语句执行的流程图

多行 if 语句可以包含任意多个 else if 分支，但 else 分支最多只能有 1 个（也可以没有）且必须在所有分支的最后。这种 if 语句可能会有 0 或 1 个分支中的代码块被执行。

继续修改上面的示例代码以使 if 语句可以匹配更多的条件，修改后的示例代码如下：

```
if (age < 14) {
    console.log('儿童');
} else if (age < 18) {
    console.log('青少年');
} else if (age < 60) {
    console.log('成年');
} else {
    console.log('老年');
}
```

在上面的示例中：

- 如果 age 小于 14，程序会输出“儿童”；
- 如果 age 大于等于 14 且小于 18，程序会输出“青少年”；
- 如果 age 大于等于 18 且小于 60，程序会输出“成年”；
- 如果 age 大于等于 60，程序会输出“老年”。

注意，青少年和成年对应的两个条件是这样写的：

```
else if (age < 18)  // 青少年对应的条件

else if (age < 60)  // 成年对应的条件
```

因为第 1 个条件是 age < 14，而测试第 2 个条件的前提是第 1 个条件的值为 false，所以在测试第 2 个条件时 age 必然是大于等于 14 的，没有必要将第 2 个条件写作：

```
age >= 14 && age < 18
```

当然，上面的程序没有考虑 age 的数值小于等于 0 的情况（有时候可能无法完全杜绝错误数据的输入），因此我们最好完善一下示例代码使其也可以处理不合理的数据。完善后的示例代码如下：

```
let message: string = '数据错误'
if (age > 0) {
    if (age < 14) {
        message = '儿童';
    } else if (age < 18) {
        message = '青少年';
    } else if (age < 60) {
        message = '成年';
    } else {
        message = '老年';
    }
}
console.log(message)
```

在原来的 if 语句之外又套了一个 if 语句用于检查 age 值的有效性，形成两层 if 语句嵌套的结构。在修改过的代码中，首先检查 age 的值是否大于 0，如果 age 值无效，则直接输出 message（其值为'数据错误'）。在 age 值有效的前提下，再利用内层的 if 语句对 age 值进行相应的判断并给 message 赋值。这样的做法将错误处理的逻辑放在外层的 if 语句中，将主要的业务逻辑放在内层的 if 语句中，在数据错误的情况下可以立即进行处理，并且逻辑清晰、易于理解。

最后，在 if 语句的某个分支的代码块中声明的变量（或常量），其作用域仅限于该代码块，超出了该代码块这个变量就无效了。示例如下：

```
let score = 75;  // 示例数据
if (score < 60) {
    let message = '不及格';  // 该变量 message 只在此代码块内有效
} else {
    console.log('及格');
}
console.log(message);  // 编译错误
```

在同一个作用域内，不允许声明同名变量。例如，下面示例代码在 if 语句的同一个代码块内声明了两个同名的变量，这会导致编译错误。

```
let score = 75;  // 示例数据
if (score >= 60) {
    // 编译错误，重复声明了变量 message
    let message = '及格';
    let message = '合格';
}
```

但是，在不同的作用域中，我们可以声明同名变量。先看一个例子，代码如下：

```
let score = 75;  // 示例数据
if (score < 60) {
    let message = '不及格';
    console.log(message);
} else {
    let message = '及格';
    console.log(message);
}
```

当在不同作用域中声明了同名的变量时，这些变量实际上是彼此独立的。它们在自己的作用域中有各自的值和生命周期，互不影响。在以上示例中，在 if 分支的代码块中声明的变量 message 只作用于 if 分支，而在 else 分支的代码块中声明的变量 message 只作用于 else 分支，这两个变量互相独立、互不影响。

再看一个例子，代码如下：

```
let score = 75;  // 示例数据
let message = '测试字符串';  // 声明在 if 语句外的变量 message
if (score >= 60) {
    let message = '及格';  // 声明在 if 语句的代码块中的变量
    console.log(message);  // 输出：及格。访问的是 if 语句代码块中的变量 message
}
console.log(message);  // 输出：测试字符串。访问的是 if 语句外声明的变量 message
```

当有同名变量发生冲突时，优先访问作用域小的变量，作用域大的变量将被作用域小的变量屏蔽。

在上面的示例代码中，我们声明了两个同名变量 message，一个是声明在 if 语句之外的，另一个是声明在 if 语句的代码块中的。在 if 语句的代码块中使用变量名 message 访问变量时，访问到的是 if 语句代码块中声明的变量 message，外部的变量 message 被屏蔽了。在 if 语句外部使用变量名 message 访问变量时，只能访问到外部的变量 message。

3.2.2 switch 语句

switch 语句的语法格式如下：

```
switch (测试表达式) {
    case 条件 1:
        代码块 1
```

```
        break;
    case 条件2:
        代码块2
        break;
    ......
    case 条件n:
        代码块n
        break;
    [default:
        代码块n+1]
}
```

switch语句中可以有任意多个case分支，所有case之后的条件的类型都必须与测试表达式的类型一致。在所有case分支之后，还可以有一个default分支（类似于if语句中的else分支）。

以上switch语句的执行过程如下。

- 若条件1的值与测试表达式的值相等，则执行代码块1并通过break语句跳出switch语句，否则测试条件2。
- 若条件2的值与测试表达式的值相等，则执行代码块2并通过break语句跳出switch语句，否则测试下一个条件，以此类推。
- 若条件*n*的值与测试表达式的值相等，则执行代码块*n*并通过break语句跳出switch语句。
- 若条件*n*的值与测试表达式的值匹配失败且最后没有default分支，则switch语句结束，不执行任何代码。若条件*n*的值与测试表达式的值匹配失败且最后有default分支，则执行代码块*n*+1，switch语句结束。

switch语句执行的流程图如图3-4所示。

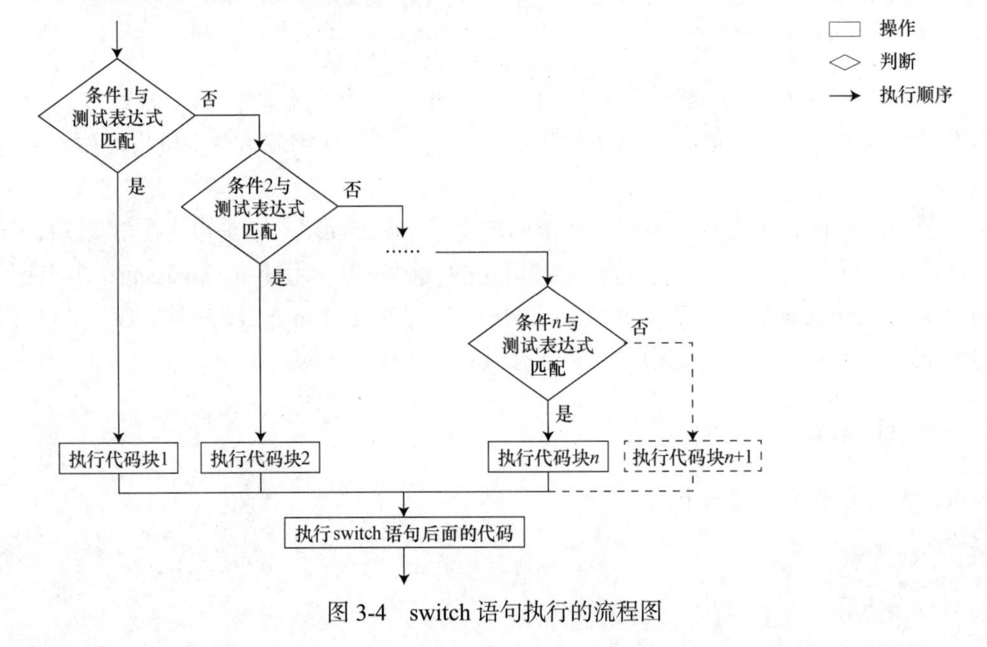

图3-4 switch语句执行的流程图

与 if 语句一样，在 switch 语句的某个代码块中声明的变量（或常量）其作用域也仅限于该代码块。

如果使用 switch 语句来实现 3.2.1 节中最后一个关于年龄分段的示例的功能，那么修改后的代码如下：

```
let message: string = '数据错误'
switch (true) {
    case age > 0 && age < 14:
        message = '儿童';
        break;
    case age >= 14 && age < 18:
        message = '青少年';
        break;
    case age >= 18 && age < 60:
        message = '成年';
        break;
    case age >= 60:
        message = '老年';
        break;
}
console.log(message);
```

从这个示例来看，switch 语句似乎比 if 语句要烦琐。实际上，当我们需要基于不同的条件执行不同的代码块，且条件是复杂的逻辑表达式（或条件是连续变化的）时，if 语句通常是更好的选择。但是 switch 语句在某些情况下可能会比 if 语句更清晰易读，特别是在需要根据单个变量或表达式的多个特定值（离散的、有限的值）来执行不同的代码块时。下面我们来看几个例子。

下面的示例对变量 size 进行了匹配，根据不同的 size 值将输出不同的信息。代码如下：

```
let size = 'middle';  // 示例数据
switch (size) {
    case 'small':
        console.log('size: S');
        break;
    case 'middle':
        console.log('size: M');
        break;
    case 'large':
        console.log('size: L');
        break;
    default:
        console.log('size: 其他');
}
```

而与此等效的 if 语句对应的代码如下：

```
let size = 'middle';  // 示例数据
if (size == 'small') {
    console.log('size: S');
} else if (size == 'middle') {
    console.log('size: M');
} else if (size == 'large') {
    console.log('size: L');
} else {
    console.log('size: 其他');
}
```

经对比可以发现，在这种场景下，switch 语句显然比 if 语句更简洁。

如果 case 分支中没有 break 语句，那么当该 case 分支匹配成功并执行了其中的代码块之后，将会继续执行下一个 case 分支中的代码块（无论下一个 case 分支是否能匹配成功），这就是“case 落入（fall-through）”行为。示例如下：

```
let size = 'middle';  // 示例数据
switch (size) {
    case 'small':
        console.log('size: S');  // 删除了 break 语句
    case 'middle':
        console.log('size: M');  // 删除了 break 语句
    case 'large':
        console.log('size: L');
        break;  // 未删除 break 语句
    default:
        console.log('size: 其他');
}
```

在上面的示例代码中，我们删除了前两个 case 分支中的 break 语句。以上代码的执行过程如下。

- 匹配第 1 个 case 分支，对 size 和'small'进行比较，匹配失败。
- 匹配第 2 个 case 分支，对 size 和'middle'进行比较，匹配成功，HiLog 窗口输出信息“size: M”。
- 由于第 2 个 case 分支最后没有 break 语句，继续执行第 3 个 case 分支中的代码块，HiLog 窗口输出信息“size: L”；执行 break 语句跳出 switch 语句。

如果将以上代码第 3 个 case 分支中的 break 语句也删除，那么程序还会继续输出“size: 其他”。

通过为每个 case 分支中都添加 break 语句，我们可以避免同时执行多个 case 分支中的代码。但有时我们也会刻意利用这种特性，将多个 case 分支合并。假如确实需要合并多个 case 分支，建议在代码中添加注释以明确说明我们是有意这样做的。示例如下：

```
let weather = '晴';
switch (weather) {
```

```
    case '晴':
        // 未加break，与'多云'情况共享相同的处理逻辑
    case '多云':
        console.log('天气不错，可以去户外运动');
        break;
    case '雨':
        // 未加break，与'大雾'情况共享相同的处理逻辑
    case '大雾':
        console.log('天气不佳，适合室内活动');
        break;
    default:
        console.log('未知天气，可以根据实际情况决定活动');
}
```

还有一点值得注意，如果 switch 语句中没有 default 分支，那么从逻辑上来说，最后一个 case 分支中的 break 语句是可以省略的。**尽管如此，我们仍然建议在该 case 分支中加上 break 语句**。理由如下：第一，始终在每个 case 分支中使用 break 语句（除非是有意设计的“落入行为”）可以保持代码的一致性，有助于维护代码的可读性；第二，如果未来需要在现有的 switch 语句中添加新的 case 分支，已经存在的 break 可以防止忘记添加新的 break，避免引入错误；第三，通过 break 明确表示该 case 分支到此结束，使代码的意图更加明确。

3.2.3 条件表达式

条件表达式用于根据条件选择两个表达式中的一个。其语法格式如下：

```
条件 ? 表达式1 : 表达式2
```

其中的条件如果不是布尔表达式，则由程序自动隐式转换为布尔值。示例如下：

```
const score = 88;
const isScorePassed = score >= 60 ? '合格' : '不合格';
```

另外，操作符“? :”也被称作三元操作符。该操作符的优先级低于算术操作符、比较操作符和逻辑操作符，但高于赋值操作符和复合赋值操作符。

在以上的示例代码中，若 score >= 60 的值为 true，则 isScorePassed 的值为'合格'，否则 isScorePassed 的值为'不合格'。

以上示例代码中的条件表达式相当于下面代码中的 if 语句：

```
const score = 88;
let isScorePassed: string;
if (score >= 60) {
    isScorePassed = '合格';
} else {
    isScorePassed = '不合格';
}
```

再看一个条件不是布尔表达式的例子：

```
let count = 0;  // count 表示物品数量
let message = count ? '有物品' : '无物品';
```

在以上的示例代码中，因为 count 值为 0，所以程序会自动隐式将 count 值转换为布尔值 false。最终 message 的值为'无物品'。

条件表达式比较适合于在赋值、return 语句或者参数传递中进行简洁的条件判断。而对于更复杂的业务逻辑，使用标准的 if 语句一般会使代码更清晰、易懂。

3.3　循环语句

利用循环语句，我们可以高效地处理重复的任务和迭代数据集合。本节将详细介绍 ArkTS 中的几种循环语句，包括 do-while 语句、while 语句和 for 语句，以及如何通过 break 和 continue 语句控制循环的流程。我们还将学习循环嵌套的概念及用法，这对于处理多维数据结构特别有用。

3.3.1　do-while 语句

do-while 语句的语法格式如下：

```
do {
    循环体
} while (循环条件);
```

其中，循环条件如果不是布尔表达式，则由程序自动隐式转换为布尔值。在各种循环语句中的循环体，即是需要重复执行的代码块。在所有循环语句的循环体中声明的变量（或常量），其作用域仅限于循环体内。

do-while 语句的执行流程：先执行一遍循环体，执行完循环体之后判断循环条件的值，如果循环条件的值为 true，则继续执行循环体。执行完循环体之后，再次判断循环条件的值，只要循环条件的值为 true 就执行循环体。如此重复，直到循环条件的值为 false 时循环结束，然后执行 do-while 语句后面的代码。do-while 语句执行的流程图如图 3-5 所示。

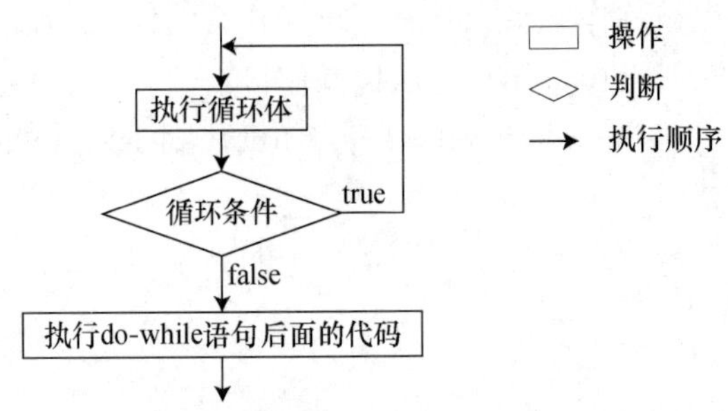

图 3-5　do-while 语句执行的流程图

do-while 语句是一种**后测试条件**的循环语句，其中的循环体至少会被执行一次。

代码清单 3-1 中的代码片段使用 do-while 语句计算了斐波那契数列的第 10 项。

斐波那契数列是指这样一个数列：

```
1, 1, 2, 3, 5, 8, 13, 21, 34, 55, 89, ……
```

该数列的第1项是1，第2项是1，之后的每一项都是前两项之和。

代码清单 3-1 onClick 事件方法中的代码

```
01  let a = 1;  // 若当前待计算的项为第 i 项，a 表示第 i-2 项，初始时 a 表示第 1 项，值为 1
02  let b = 1;  // 若当前待计算的项为第 i 项，b 表示第 i-1 项，初始时 b 表示第 2 项，值为 1
03  let c = 0;  // c 表示当前待计算的项
04  let i = 3;  // 当前待计算的是第 i 项，初始时从第 3 项开始计算（因为前两项已经初始化）
05
06  do {
07     c = a + b;  // 计算当前项（第 i 项），为前两项（第 i-2 项和第 i-1 项）之和
08     a = b;  // 更新第 i-2 项的值为前一项（第 i-1 项）的值
09     b = c;  // 更新第 i-1 项的值为当前项（第 i 项）的值
10     i++;  // 递增计数器 i，以便计算下一项
11  } while (i <= 10);
12
13  console.log(`第 10 项：${c}`);
```

单击 Previewer 窗口中的“运行”按钮，HiLog 窗口输出如下结果：

```
第 10 项：55
```

以上示例代码使用 do-while 循环计算了斐波那契数列的第10项。在每次迭代时，先计算当前项（第7行），然后更新前两项（第8、9行）并将计数器加1（第10行）以便于进行下一次计算，直到计数器的值变为11（i <= 10 变为 false）结束循环。所谓计数器，指的是用于计数的变量，如本例中的i。

3.3.2 while 语句

while 语句的语法格式如下：

```
while (循环条件) {
    循环体
}
```

其中，循环条件如果不是布尔表达式，则由程序自动隐式转换为布尔值。

while 语句的执行流程：首先判断循环条件的值是否为 true，如果循环条件的值为 true，则执行循环体，并在执行完循环体之后再次判断循环条件的值。只要循环条件的值为 true 就执行循环体，如此重复，直到循环条件的值为 false 时循环结束，然后继续执行 while 语句后面的代码。while 语句执行的流程图如图 3-6 所示。

while 语句是一种**先测试条件**的循环语句，其中的循环体有可能根本不会被执行（当循环条件一开始即为 false 时）。

我们可以修改一下代码清单 3-1，将其中的 do-while 语句改为 while 语句。修改后的代码如代码清单 3-2 所示。

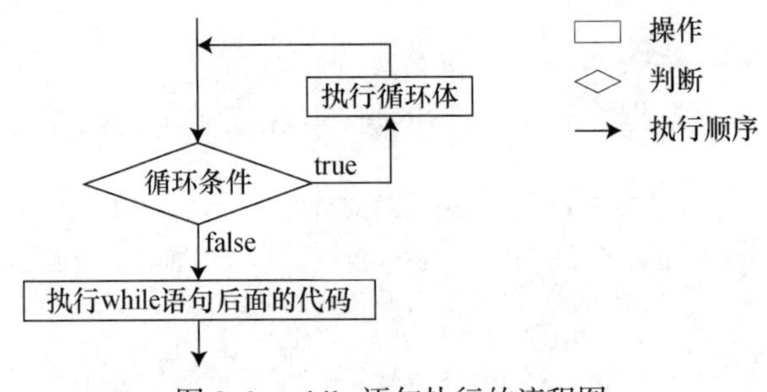

图 3-6 while 语句执行的流程图

代码清单 3-2 onClick 事件方法中的代码

```
01 let a = 1;  // 若当前待计算的项为第 i 项，a 表示第 i-2 项，初始时 a 表示第 1 项，值为 1
02 let b = 1;  // 若当前待计算的项为第 i 项，b 表示第 i-1 项，初始时 b 表示第 2 项，值为 1
03 let c = 0;  // c 表示当前待计算的项
04 let i = 3;  // 当前待计算的是第 i 项，初始时从第 3 项开始计算（因为前两项已经初始化）
05
06 while (i <= 10) {
07    c = a + b;  // 计算当前项（第 i 项），为前两项（第 i-2 项和第 i-1 项）之和
08    a = b;  // 更新第 i-2 项的值为前一项（第 i-1 项）的值
09    b = c;  // 更新第 i-1 项的值为当前项（第 i 项）的值
10    i++;  // 递增计数器 i，以便计算下一项
11 }
12
13 console.log(`第 10 项: ${c}`);
```

单击 Previewer 窗口中的“运行”按钮，HiLog 窗口中输出的信息和代码清单 3-1 的输出结果是完全相同的。

在处理复杂的循环逻辑时，尤其是当循环的继续与否依赖于循环体内多个条件判断的结果时，采用循环标志来控制循环状态（决定是继续循环还是退出循环）是一个很好的解决方案。循环标志通常是一个布尔类型的变量。

仍以斐波那契数列的计算为例，假设我们的目标是计算到第 20 项，或者计算到第一个超过 500 的数列项，而哪一个条件会首先满足则是未知的。在这种情况下，我们可以在 while 循环中引入一个布尔类型的循环标志 flag。示例程序如代码清单 3-3 所示。

代码清单 3-3 onClick 事件方法中的代码

```
01 let a = 1;
02 let b = 1;
03 let c = 0;
04 let i = 3;
05 let flag = false;  // 表示循环是否结束的标志
06
07 while (!flag) {
08    c = a + b;
09
```

```
10      // 当 c 的值大于 500 时，将 flag 的值设置为 true
11      if (c > 500) {
12         console.log(`第${i}项：${c}`);
13         flag = true;
14      }
15
16      a = b;
17      b = c;
18      i++;
19
20      // 当 i 的值大于 20 时，将 flag 的值设置为 true
21      if (i > 20) {
22         console.log(`已经计算到了第 20 项，其值为${c}，结束计算`);
23         flag = true;
24      }
25   }
```

单击 Previewer 窗口中的“运行”按钮，HiLog 窗口中输出的结果如下：

```
第 15 项：610
```

上面的 while 循环在每次执行完循环体之后，都会检查 flag 的值。当 c 的值大于 500 时，将 flag 的值设置为 true（第 10～14 行），这时 while 循环的条件变为 false，循环结束。如果 c 的值始终没有大于 500，但 i 的值超过了 20，也将 flag 的值设置为 true（第 20～24 行），这时 while 循环也会结束。这样的设计减少了控制循环的条件数量，只使用一个简单的条件（循环标志）来控制循环。

3.3.3 for 语句

for 语句的语法格式如下：

```
for (初始化; 循环条件; 循环后表达式) {
    循环体
}
```

其中，“初始化”部分用于声明和初始化控制循环的变量，循环控制变量可以是一个或多个；“循环条件”是一个表达式，如果该表达式不是布尔表达式，则由程序自动隐式转换为布尔值；“循环后表达式”为每次循环结束后执行的表达式，通常**用于更新循环控制变量**。

for 语句的执行流程：首先执行“初始化”部分的代码一次，接着测试“循环条件”的值；如果为 true，则执行循环体，如果为 false，则结束循环并继续执行 for 语句后面的代码。在每次执行循环体完毕后，执行“循环后表达式”；循环后表达式执行完毕后，重新测试“循环条件”，若为 true 则继续循环，直至“循环条件”的值变为 false。for 语句执行的流程图如图 3-7 所示。

for 语句也是一种**先测试条件**的循环语句。与 while 循环相比，for 循环将与循环控制有关的代码集中在了一个位置（圆括号中）；使用 while 循环做不到的，使用 for 循环也同样做不到。

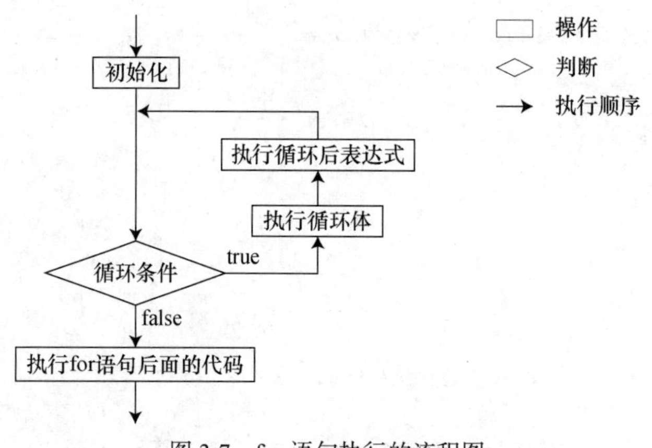

图 3-7 for 语句执行的流程图

修改代码清单 3-2，将其中的 while 语句改为 for 语句。修改后的程序代码如代码清单 3-4 所示。

代码清单 3-4 onClick 事件方法中的代码

```
01  let a = 1;
02  let b = 1;
03  let c = 0;
04
05  for (let i = 3; i <= 10; i++) {
06     c = a + b;
07     a = b;
08     b = c;
09  }
10
11  console.log(`第10项: ${c}`);
```

单击 Previewer 窗口中的"运行"按钮，HiLog 窗口中输出的信息和代码清单 3-1、代码清单 3-2 是完全相同的。

与 do-while 语句和 while 语句相比，for 语句在处理**循环次数固定的任务**时通常更有优势。因为 for 语句允许在循环声明中直接指定初始化语句、循环继续的条件，以及每次循环结束时的迭代步骤，所以 for 语句特别适合处理已知次数的重复任务。

例如，以下示例代码中的 for 语句总共循环了 10 次，循环控制变量 i 依次从 0 递增到了 9，程序运行后会有 10 行输出。

```
for (let i = 0; i < 10; i++) {
   console.log(i.toString());
}
```

注意，在处理已知次数的重复任务时，不要随意在 for 语句的**循环体**中修改循环控制变量，否则会降低代码的可读性和可预测性，严重时可能会带来错误的结果。示例如下：

```
for (let i = 0; i < 10; i++) {
    i++;  // 在循环体中修改了循环控制变量
    console.log(i.toString());
}
```

由于在循环体内修改了变量 i，以上示例代码中的 for 语句只循环了 5 次，程序运行后将只有 5 行输出。

虽然语法允许在 for 语句的循环体内修改循环控制变量，但这通常不是最佳编程实践。我们建议仅在循环声明中修改循环控制变量（通过“循环后表达式”）；如果遇到需要在循环体内调整循环逻辑的情况，可以考虑调整 for 语句的声明、使用其他循环结构或重新设计解决方案。

在以上示例的 for 语句中，循环控制变量 i 是在 for 语句中声明的，其作用域只限于 for 语句中，在 for 语句之外无法访问变量 i。例如，若在代码清单 3-4 的第 11 行代码之后添加如下代码，则会引发编译错误：

```
console.log(i.toString());  // 编译错误
```

for 语句的循环控制变量也可以在 for 语句的外部声明，在 for 语句中初始化。示例如下：

```
let a = 1;
let b = 1;
let c = 0;
let i: number;  // 在 for 语句外部声明变量 i

for (i = 3; i <= 10; i++) {  // 在 for 语句中初始化循环控制变量 i
    c = a + b;
    a = b;
    b = c;
}
console.log(i.toString());  // 在 for 语句外部可以访问变量 i，此时 i 的值为 11

console.log(`第 10 项：${c}`);
```

以上示例代码在 for 语句外部声明了变量 i，接着在 for 语句中对 i 进行了初始化，这样在 for 语句的外部也可以访问变量 i 了。

另外，在 for 语句的“初始化”部分，可以同时声明或初始化多个变量。示例如下：

```
let c = 0;

// 在 for 语句中同时声明并初始化了变量 a、b 和 i
for (let a = 1, b = 1, i = 3; i <= 10; i++) {
    c = a + b;
    a = b;
    b = c;
}

console.log(`第 10 项：${c}`);
```

以上示例代码中声明的变量 a、b 和 i 的作用域都仅限于 for 语句中。

最后，for 语句中的“初始化”“循环条件”和“循环后表达式”这三部分都是可选的。如果将这三部分全部省略，就会得到一个无限循环。示例如下：

```
for (;;) {
    // 随便做点什么
}
```

如果只给出“循环条件”，实际上就是把 for 循环转换成了 while 循环。示例如下：

```
let sum = 0;
let i = 1;

for (; i <= 100; ) {
    sum += i;
    i++
}

console.log(`1 + 2 + ... + 100 = ${sum}`);
```

以上示例代码的作用是计算从 1 到 100 的所有整数之和，其中的 for 循环相当于以下的 while 循环：

```
while (i <= 100) {
    sum += i;
    i++;
}
```

3.3.4 循环的嵌套

将一个循环结构放在另一个循环结构的循环体内，就构成了循环的嵌套。在嵌套循环中，我们可以将内层循环当作外层循环的循环体来看待：外层循环每执行一次，内层循环就会被完整地执行一遍。示例如下：

```
for (let i = 1; i <= 3; i++) {
    for (let j = 4; j <= 5; j++) {
        console.log(`i: ${i} j: ${j}`);
    }
}
```

以上示例代码在执行之后，HiLog 窗口中的输出如下：

```
i: 1 j: 4
i: 1 j: 5
i: 2 j: 4
i: 2 j: 5
i: 3 j: 4
i: 3 j: 5
```

以上是双重嵌套的for循环。外层的for循环每执行一次，内层的for循环就完整执行一次。当i的值为1时，j的值依次由4变为5，内层的循环执行完毕。接着，i的值变为2，内层的循环又完整执行一次，j的值依次由4变为5。最后，i的值变为3，内层的循环又完整执行一次，j的值依次由4变为5。以上循环中的循环体总共被执行了3×2次，即6次。

3.3.5 break语句和continue语句

break语句和continue语句都可以用于在循环中精确控制代码的执行，通常与if语句结合使用。

1. break语句和continue语句的基本用法

当break语句用于循环语句的循环体内时，其作用是立即结束当前循环。当break语句被执行之后，循环体中剩余的代码将不会再被执行，循环立即被终止，并开始执行循环语句之后的代码。此外，如前所述，break语句还可以用于switch语句中（见3.2.2节）。

continue语句用于循环语句的循环体内，其作用是跳过本次循环的剩余部分，立即进行下一次循环。

让我们先看一个break语句的示例：

```
let i = 0;

while (i < 10) {
    i++;

    // 如果 i 是偶数，跳出循环
    if (i % 2 === 0) {
        break;
    }

    console.log(i.toString());
}
```

上面的代码在执行后，HiLog窗口中只会有1行输出：

```
1
```

在上面的while循环开始时，i的值为0，此时循环条件i < 10为true，开始第1次循环。先执行i++，i的值变为1。接着是一个if语句，该if语句用于判断i是否为偶数（偶数对2取余结果为0，奇数对2取余结果为1）；若i是偶数，则执行break语句结束该while循环；因为此时i的值为1，所以不执行break语句。然后使用console.log将i当前的值输出到HiLog窗口。第1次循环结束。

在第2次循环时，i的值变为2。此时if语句的条件为true，立即执行break语句，while循环结束，整段代码执行完毕，if语句之后的输出语句将不会再被执行。

下面我们将以上代码中的break语句换成continue语句，得到代码清单3-5。

代码清单 3-5 onClick 事件方法中的代码

```
01 let i = 0;
02
03 while (i < 10) {
04    i++;
05
06    if (i % 2 === 0) {
07       continue;  // 将 break 语句改为 continue 语句
08    }
09
10    console.log(i.toString());
11 }
```

上面的示例代码在执行后，HiLog 窗口中输出的结果如下：

```
1
3
5
7
9
```

上面的 while 循环在第 1 次执行到 if 语句时，i 的值为 1，此时不执行 continue 语句，接着通过第 10 行代码输出 i 的当前值 1。在第 2 次执行到 if 语句时，i 的值为 2，此时执行 continue 语句，结束本次循环，continue 语句之后的剩余代码（第 10 行）被跳过，开始进行下一次循环。在第 3 次执行到 if 语句时，i 的值为 3，此时不执行 continue 语句，输出 i 的当前值 3……以此类推，每当 i 的值为偶数时，就执行 continue 语句跳过输出的语句，因此最终只有当 i 的值为奇数时才会被输出。

在循环结构中，有两个概念经常会被提及：*死循环和无限循环*。尽管它们看起来很相似，但根据不同的上下文，它们有不同的含义。

死循环指的是无法达到终止条件而持续运行不能退出的循环。死循环一般是由**编程错误**引起的。例如，以下代码中的 while 循环就是一个死循环。由于遗漏了递增 i 的语句，计数器 i 的值一直是 0，没有正确地变化，因此 while 语句的循环条件永远为 true，这个循环将不能正确退出。

```
let i = 0;
while (i < 10) {
    i++;  // 遗漏了这行代码
    console.log(i.toString());
}
```

无限循环也是指无限次数执行的循环。无限循环通常是有意为之，比如在某些持续运行的服务或监听进程中，它会不断检查或等待某些事件发生，直到外部条件触发其退出。举个例子，操作系统内核中的调度程序通常就是通过无限循环来实现的，这个循环不断地检查是否有新的任务需要执行，或者是否有当前执行的任务需要被中断或终止。

一个简单的无限循环可以通过 while 语句实现，代码如下：

```
// 这是一个无限循环
while (true) {
    // 一些业务逻辑的代码
}
```

无限循环在实际的软件开发和系统设计中有着重要的用途，尤其是在需要持续运行以等待和响应外部事件的应用场景中。无限循环的关键在于确保它能够**在适当的时刻被正确地中断或退出**。在设计这样的循环时，需要特别注意控制循环的条件，避免程序陷入真正的“死循环”。这时，break 语句就显得尤其有用，因为它提供了一种在满足特定条件时从循环中退出的机制。这使得我们可以安全地实现无限循环用于等待特定事件或条件，同时也能保持代码的可靠性和可维护性。

在下面的例子中，我们将模拟一个简单的场景，比如等待某个特定的条件达成，然后使用 break 语句退出无限循环。其中复杂的业务逻辑会用注释来代替，以便集中展示 break 语句的用法。代码如下：

```
let counter = 0;  // 一个简单的计数器

while (true) {  // 开始一个无限循环
    counter++;  // 每次循环，计数器增加

    // 一些复杂的业务逻辑，比如：检查某个资源是否可用、等待用户输入或执行某些计算

    if (counter === 5) {
        console.log("达到条件，退出循环。");
        break;  // 当计数器达到 5 时，使用 break 语句退出循环
    }
}

console.log("循环结束。继续执行程序的其他部分。");
```

以上无限循环内部有一个计数器 counter，每次循环时递增。当计数器达到 5 时，满足了设定的退出条件，此时执行 break 语句，立即退出循环。这个简单的例子展示了 break 语句如何在满足特定条件时用于从无限循环中安全退出，而不需要复杂的函数调用或其他额外的逻辑。

2. 嵌套循环中的 break 语句和 continue 语句

在嵌套循环中使用 break 语句或 continue 语句时，需要注意的是，这两个语句只会跳出语句所在的当前循环。示例如下：

```
for (let i = 1; i <= 5; i++) {
    for (let j = 1; j <= 5; j++) {
        if (i === 2 || j === 2) {
            break;  // 该 break 语句只会跳出其所在的当前循环（内层的 for 循环）
        }
        console.log(`i: ${i} j: ${j}`);
    }
}
```

以上示例代码在执行后，HiLog 窗口中输出的结果如下：

```
i: 1 j: 1
i: 3 j: 1
i: 4 j: 1
i: 5 j: 1
```

在上面的双重 for 循环嵌套中，每当 i 或 j 的值为 2 时，就执行 break 语句跳出内层的 for 循环，而外层的 for 循环不会受到 break 语句的影响。

在 ArkTS 中，标签（label）是一种标识符，通常与循环语句结合使用，用于标记循环的起始点或终止点。在嵌套循环中，将标签与 break 或 continue 语句结合使用，可以更精确地控制循环的行为。标签的语法格式如下：

```
标签名:
```

标签名必须是合法的标识符，建议使用**小驼峰命名风格**命名，标签名之后紧跟一个冒号，冒号之后即是标记的循环。使用以下语法可以使 break 或 continue 语句控制标签标记的循环：

```
break 标签名;

continue 标签名;
```

例如，我们可以修改一下上面的示例代码，修改后的示例代码如下：

```
outerLoop: for (let i = 1; i <= 5; i++) {
    innerLoop: for (let j = 1; j <= 5; j++) {
        if (i === 2 || j === 2) {
            break innerLoop;
        }
        console.log(`i: ${i} j: ${j}`);
    }
}
```

在上面的示例代码中，我们为外层的 for 循环添加了标签 outerLoop，为内层的 for 循环添加了标签 innerLoop，并将其中的 break 语句修改如下：

```
break innerLoop;
```

执行以上 break 语句将跳出标签 innerLoop 标记的循环，即内层的 for 循环。因此以上代码和修改之前的运行效果是相同的。如果再将其中的 innerLoop 改为 outerLoop，即：

```
break outerLoop;
```

那么在执行以上代码之后，HiLog 窗口中的输出结果如下：

```
i: 1 j: 1
```

在循环开始时，i 和 j 的值均为 1，HiLog 窗口中输出了 i 和 j 的值。之后 j 的值变为 2，通过了 if 语句的条件检查，程序直接执行了 break 语句跳出了标签 outerLoop 标记的循环，即外层的 for 循环，因此最终只有一行输出。

下面的示例程序通过嵌套循环来查找最大的三位水仙花数。三位水仙花数是指满足以下条件的数：它的个、十、百位上的数字的 3 次方之和等于它本身。例如，$1^3+5^3+3^3=153$，153 即是一个水仙花数。程序代码如代码清单 3-6 所示。

代码清单 3-6 onClick 事件方法中的代码

```
01  // 通过嵌套循环寻找最大的三位水仙花数，变量 a、b 和 c 分别用于穷举百、十和个位上的数字
02  outerLoop: for (let a = 9; a >= 1; a--) {
03     for (let b = 9; b >= 0; b--) {
04        for (let c = 9; c >= 0; c--) {
05           const num = a * 100 + b * 10 + c
06           if (a ** 3 + b ** 3 + c ** 3 === num) {
07              console.log(`最大的三位水仙花数为${num}`)
08              break outerLoop;
09           }
10        }
11     }
12  }
```

执行以上代码之后，HiLog 窗口中的输出如下：

```
最大的三位水仙花数为 407
```

上面的示例代码主要是通过穷举法来寻找最大的三位水仙花数。穷举法的基本思路是尝试所有可能的选项以便找到正确的答案。在示例程序中，通过嵌套循环穷举所有可能的三位数（三层循环分别用于穷举百位、十位和个位上的数字），即从 9 到 1 穷举百位上的数字 a、从 9 到 0 穷举十位上的数字 b、从 9 到 0 穷举个位上的数字 c，然后计算出 a、b 和 c 对应的三位数 num，再检查每个 a、b、c 组合的立方和是否与 num 相等。这里因为查找的是最大的数，所以从大往小穷举。一旦某个组合的立方和与 num 相等，则将其输出，并使用 break 语句终止外部循环 outerLoop 的执行，因为找到的第一个符合条件的数就是最大的三位水仙花数，无须继续查找。

本章主要知识点

- □ 语句的概念
- □ 条件语句的用法
  - ■ if 语句
  - ■ switch 语句
  - ■ 条件表达式
- □ 循环语句的用法
  - ■ do-while 语句
  - ■ while 语句
  - ■ for 语句
  - ■ break 语句
  - ■ continue 语句
  - ■ 循环的嵌套

第4章

函数

4

利用函数，我们可以将复杂的问题分解成更小、更易于管理的部分。本章将深入探讨 ArkTS 中函数的概念、定义和调用，以及函数参数的各种可能性和传递规则。我们将从函数的基础开始，解释什么是函数以及如何在 ArkTS 中定义和调用它们。接着，我们将探索函数参数的世界，包括可选参数、默认参数和剩余参数，这些都是 ArkTS 提供的强大功能，使得函数定义更加灵活和强大。我们还将讨论箭头函数的用法，它是编写更简洁代码的一种流行方式。最后，我们将介绍闭包的相关知识，它是函数式编程中的一个核心概念。闭包允许函数访问并操作函数外部的变量，提供了一种强大的方式来封装和保护这些变量，同时还能提供模块化编程的能力。

通过本章的学习，你将掌握 ArkTS 函数的用法，这是构建复杂应用程序时必备的能力。掌握 ArkTS 中的函数将使你能够以更优雅、更高效的方式编写代码。

4.1 概述

所谓函数，可以理解为用于完成特定操作的代码块。利用函数，我们可以将执行特定任务的代码集中在一个定义明确的单元中。通过定义函数来实现特定功能，我们可以在程序的多个地方调用这些函数，从而提高代码的复用性和可维护性。

以斐波那契数列的计算为例，假设我们需要在程序中多次计算斐波那契数列的特定项。此时，我们可以定义一个名为 fibonacci 的函数，专门用于计算斐波那契数列的第 n 项。这样，每当需要进行此类计算时，只需简单地调用函数 fibonacci。这种方法不仅实现了代码的复用，还使代码更清晰、易读。

更重要的是，如果未来需要修改这一计算方式，我们只需修改函数 fibonacci 的实现即可。这种做法确保了所有调用该函数的代码都会自动更新，避免了手动修改多处代码的麻烦，减少了维护工作量，并显著降低了引入错误的风险。

4.2 函数的定义和调用

本节主要讨论函数的定义和调用。首先，我们介绍如何定义一个函数，包括函数的命名、参数列表和函数体；其次，我们将学习如何调用这些函数，并了解形参和实参的概念；最后，我们来了解函数返回类型的相关知识，学会使用 return 语句来返回值，以及使用 void 类型表示不返回值的情况。

4.2.1 定义和调用函数

ArkTS 已经为我们提供了大量现成的函数，例如，使用函数 Boolean 可以将其他类型的数据转换为布尔值。除了使用 ArkTS 提供的函数，我们也可以自定义函数。

定义函数的语法格式如下：

```
function 函数名([参数列表])[: 返回类型] {
    函数体
}
```

函数以关键字 function 定义，function 之后是函数名。函数名必须是合法的标识符，建议使用**小驼峰命名风格**来命名。函数名之后是以一对圆括号括起来的参数列表，即使函数没有参数，圆括号也不能省略。参数列表之后是可选的函数返回类型，参数列表和返回类型（如果有的话）之间以冒号进行分隔。返回类型之后是以一对花括号括起来的函数体。函数体中定义了函数被调用时执行的一系列操作。

需要注意的是，ArkTS 的函数只能定义在 ets 文件的顶层，并且不允许函数的嵌套定义（不能在函数中定义函数）。

下面我们看一个简单的无参函数的例子。示例程序如代码清单 4-1 所示。

代码清单 4-1 Index.ets

```
01  @Entry
02  @Component
03  struct Index {
04    build() {
05      Row() {
06        Column() {
07          Button('运行')
08            // 其他代码略
09            .onClick((event: ClickEvent) => {
10              sayHi();  // 通过函数名调用函数 sayHi
11            })
12        }
13        .width('100%')
14      }
15      .height('100%')
16    }
17  }
18
19  // 函数定义
```

```
20  function sayHi() {
21      console.log('你好');
22  }
```

上面的示例程序在 Index.ets 的顶层定义了一个函数（第 19～22 行），该函数的函数名为 sayHi。函数 sayHi 没有参数，也没有定义返回类型，函数体中只有一行代码：

```
console.log('你好');
```

在定义好函数之后，我们就可以调用函数以执行函数体中的代码。**调用函数**的语法格式如下：

```
函数名([参数列表]);
```

如果调用函数时没有传递参数，函数名之后的一对圆括号也不能省略。

在示例程序的“运行”按钮的 onClick 事件方法中调用了函数 sayHi。相关代码如下：

```
.onClick((event: ClickEvent) => {
    sayHi();  // 通过函数名调用函数 sayHi
})
```

在 Previewer 窗口中单击“运行”按钮，HiLog 窗口中将输出如下内容：

```
你好
```

> **注** 如果没有特殊说明，后面的示例程序中函数调用的相关代码总是添加在“运行”按钮的 onClick 事件方法中。

将上面的函数 sayHi 修改一下，为其添加一个参数。修改后的函数定义如下：

```
// 为函数添加了一个参数
function sayHi(name: string) {
    console.log(`你好，${name}`);
}
```

对应地，在调用函数的语句中也添加一个参数：

```
sayHi('小明');
```

在 Previewer 窗口中单击“运行”按钮，HiLog 窗口中的输出如下：

```
你好，小明
```

在函数定义的参数列表中的参数称为形参，对应地，调用函数时使用的参数称为实参。形参（parameter）指的是在定义函数时使用的参数，目的是用于接收调用函数时使用的实参；实参（argument）指的是在调用时传递给函数的参数，可以是字面量或表达式。

实参及其对应形参的类型必须是相匹配的。在上面的示例中，实参'小明'是 string 类型，而对应的形参 name 也是 string 类型，这两者类型是匹配的。如果实参与形参类型不匹配，则会导致编译错误。

函数被调用后，首先会发生参数传递，将实参的值传递给对应的形参；接着执行函数体内的代码；执行完函数体之后，携带返回值（如果有返回值的话）跳转回调用函数的位置继续执行后续的代码。

在函数体中，我们可以像使用普通变量一样使用形参；形参的作用域只限于函数的函数体内。另外，在函数体中声明的变量其作用域也只限于函数的函数体内。

在上面的函数调用中，程序首先将实参'小明'传递给形参 name，接着执行函数体中的代码，将'你好，小明'输出到 HiLog 窗口，然后函数调用结束，回到调用点。

4.2.2 函数的返回类型

函数的返回类型指的是函数返回值的类型。在函数定义中可以显式定义函数的返回类型，也可以省略。如果没有显式定义函数的返回类型，则由编译器自动推断函数的返回类型。

在函数中，可以使用 return 语句来返回值给调用者。函数中的 return 语句可以有 0 到多条。return 语句的语法格式如下：

```
return [表达式]
```

当一个函数执行到 return 语句时，函数立即终止执行，并将关键字 return 之后的表达式的值返回给函数的调用者。如果缺省了 return 之后的表达式，则该 return 语句的作用是终止函数的执行。

示例如下：

```
// 计算斐波那契数列的第 n 项
function fibonacci(n: number): number {
    // 对于第 1 项和第 2 项，直接返回 1
    if (n === 1 || n === 2) {
        return 1
    }

    // 当 n >= 3 时，通过循环迭代计算第 n 项的值
    let a = 1;
    let b = 1;
    let c = 0;
    for (let i = 3; i <= n; i++) {
        c = a + b;
        a = b;
        b = c;
    }
    return c;
}
```

在以上的示例代码中，我们定义了一个用于计算斐波那契数列第 n 项的函数 fibonacci，该函数的返回类型被显式定义为 number。

在函数体中，使用了 2 条 return 语句。第 1 条 return 语句用于返回斐波那契数列的第 1 项或第 2 项的值并终止函数的执行；第 2 条 return 语句用于返回斐波那契数列的第 n 项（$n \geqslant 3$）

的值并终止函数的执行。

对于上面示例中的函数，根据 return 语句中的表达式（1 和 c）的类型可以推断出函数的返回类型为 number，因此在函数定义中的返回类型“: number”也可以省略不写。

接着，我们可以尝试多次调用函数 fibonacci。在“运行”按钮的 onClick 事件方法中添加如下代码：

```
// 其他代码略
.onClick((event: ClickEvent) => {
    // 多次调用函数 fibonacci
    let fib = fibonacci(1);
    console.log(`斐波那契数列的第 1 项是：${fib}`);
    fib = fibonacci(3);
    console.log(`斐波那契数列的第 3 项是：${fib}`);
    fib = fibonacci(10);
    console.log(`斐波那契数列的第 10 项是：${fib}`);
})
```

单击 Previewer 窗口中的“运行”按钮，HiLog 窗口中将输出如下内容：

```
斐波那契数列的第 1 项是：1
斐波那契数列的第 3 项是：2
斐波那契数列的第 10 项是：55
```

第 1 次调用时传入的实参是 1，函数通过第 1 条 return 语句返回了值 1；后面两次调用时传入的实参分别是 3 和 10，函数经过循环迭代分别计算出了第 3 项和第 10 项的值并通过第 2 条 return 语句返回了相应的值 2 和 55。这些返回值被保存在变量 fib 中，然后通过 console.log 输出到了 HiLog 窗口中。

有时候我们可能只关注函数的副作用而不是返回值，例如，前面的函数 sayHi 的主要副作用就是向 HiLog 窗口中输出了提示信息。对于这样不需要返回值的函数，其返回类型为 void。在 ArkTS 中，void 类型用于表示没有任何返回值的函数的返回类型，在这样的函数中，没有 return 语句（或者包含不返回任何表达式的 return 语句）。示例如下：

```
function test(): void {
    console.log('这是一个用于测试的函数');
}
```

以上函数定义中的“: void”也可以省略，编译器会自动推断出函数 test 的返回类型为 void。

4.3 参数传递

本节将深入探讨 ArkTS 中函数参数传递的多样化，包括可选参数、默认参数以及剩余参数的用法。这些特性让函数调用更灵活，同时也让函数定义更清晰和强大。除了参数的各种形式，我们还将讨论值类型和引用类型的参数在传递过程中的不同表现。理解这些差异对于预测和控制函数行为至关重要，特别是在处理复杂数据结构时。通过本节的学习，你将掌握如何使用

ArkTS 的函数参数，这有助于提升自己编写高效代码的能力。

4.3.1 不同形式参数的传递

一个函数可以有 0 到多个参数，这些参数定义在函数的参数列表中。函数参数的一般形式如下：

```
参数名: 参数类型
```

函数参数的名称必须是合法的标识符，建议使用**小驼峰命名风格**来命名，并且必须为每一个参数显式指明类型。如果参数列表中有多个参数，参数之间以逗号进行分隔。

下面的示例代码定义了一个函数 summation，该函数可以接收 3 个参数——num1、num2 和 num3，这 3 个参数都必须是 number 类型的。

```
// 参数列表中有 3 个参数
function summation(num1: number, num2: number, num3: number) {
    return num1 + num2 + num3;
}
```

在调用以上示例代码中的函数 summation 时，我们必须为 3 个形参都传递实参。示例如下：

```
// 调用函数 summation，实参分别为 3、4 和 5
let sum = summation(3, 4, 5);
```

参数传递时，**实参按照顺序传递给相应的形参**，也就是说，第 1 个实参被传递给第 1 个形参，第 2 个实参被传递给第 2 个形参……以此类推。

在上面的调用中，实参 3 被传递给形参 num1，实参 4 被传递给形参 num2，而实参 5 被传递给形参 num3。如果将调用的语句修改如下：

```
let sum = summation(5, 4, 3);
```

那么实参 5 将被传递给 num1，4 将被传递给 num2，而 3 将被传递给 num3。

除了以上这种函数参数，我们在 ArkTS 中还可以使用可选参数、默认参数和剩余参数。

1. 可选参数

如果一个参数为可选参数，那么我们可以在调用函数时省略该参数。可选参数的语法格式如下：

```
参数名?: 参数类型
```

若一个可选参数的定义如下：

```
param?: T
```

则该参数 param 的类型为联合类型 T | undefined。

示例如下。

```
// 参数 num3 为可选参数
function summation(num1: number, num2: number, num3?: number) {
    // 根据 num3 的值返回不同的值
    if (num3 === undefined) {
```

```
        return num1 + num2;
    } else {
        return num1 + num2 + num3;
    }
}
```

在上面定义的函数 summation 中，参数 num3 就是一个可选参数。参数 num3 的类型是联合类型 number | undefined。如果在调用函数时没有为可选参数 num3 提供对应的实参，那么 num3 的值将为 undefined。使用以下代码都可以正确地调用函数 summation：

```
// 为 num3 传递了实参 5
let sum = summation(3, 4, 5);  // sum 值为 12

// 没有为 num3 传递实参，num3 的值为 undefined
sum = summation(3, 4);  // sum 值为 7
```

另外，如果参数列表中同时有必选参数和可选参数，那么可选参数必须定义在所有必选参数的后面。示例如下：

```
// 可选参数 c 定义在必选参数 a 和 b 的后面
function test1(a: string, b: string, c?: string) {
    // 代码略
}

// 可选参数 b 和 c 定义在必选参数 a 的后面
function test2(a: string, b?: string, c?: string) {
    // 代码略
}

// 编译错误，必选参数不能定义在可选参数的后面
function test3(a: string, b?: string, c: string) {
    // 代码略
}
```

2. 默认参数

默认参数是另一种形式的可选参数，可供我们为参数设置默认值。其语法格式如下：

```
参数名: 参数类型 = 默认值
```

注 后文中使用的名词“可选参数”均是指形式为“参数名?: 参数类型”的函数参数，名词“默认参数”均是指形式为“参数名: 参数类型 = 默认值”的函数参数。

对于默认参数，在调用函数时如果提供了实参，则使用实参值，如果没有提供实参，则使用默认值作为实参。示例如下：

```
function summation(num1: number, num2: number = 1) {
    return num1 + num2;
}
```

使用以下代码都可以正确地调用函数 summation：

```
// 参数 num1 的值为 4，num2 的值为 5
let sum = summation(4, 5);

// 参数 num1 的值为 4，num2 的值为 1（使用了默认值）
sum = summation(4);
```

需要注意的是，默认参数可以出现在参数列表的任意位置（在参数列表中没有“剩余参数”的情况下）。示例如下：

```
// 默认参数 b 定义在必选参数 a 的后面
function test1(a: string, b: string = '2') {
    console.log(a);
    console.log(b);
}

// 默认参数 a 定义在必选参数 b 的前面
function test2(a: string = '1', b: string) {
    console.log(a);
    console.log(b);
}

// 参数列表中同时存在必选参数、可选参数和默认参数，默认参数 a 定义在最前面
function test3(a: string = '1', b: string, c?: string) {
    console.log(a);
    console.log(b);
    console.log(c);
}

// 参数列表中同时存在必选参数、可选参数和默认参数，默认参数 c 定义在最后面
function test4(a: string, b?: string, c: string = '1') {
    console.log(a);
    console.log(b);
    console.log(c);
}
```

如果参数列表中的默认参数在不带有默认值的参数前面，并且在调用时需要直接使用默认参数的默认值，那么在调用时需要显式地传递 undefined 值给默认参数。例如，对于上面定义的函数 test2，可以使用以下方式来调用：

```
test2('3', '4');  // 参数 a 的值为'3'，b 的值为'4'
test2(undefined, '4');  // 参数 a 的值为'1'，b 的值为'4'
```

以下调用方式会导致编译错误：

```
test2('4');  // 编译错误，需要两个参数，只提供了 1 个参数
```

同理，对于上面定义的函数 test3 和 test4，我们可以用以下方式来调用：

```
// 调用函数 test3
test3('3', '4', '5');  // 参数 a 的值为'3', b 的值为'4', c 的值为'5'
test3('3', '4');  // 参数 a 的值为'3', b 的值为'4', c 的值为 undefined
test3(undefined, '4', '5');  // 参数 a 的值为'1', b 的值为'4', c 的值为'5'

// 调用函数 test4
test4('3', '4', '5');  // 参数 a 的值为'3', b 的值为'4', c 的值为'5'
test4('3', undefined, '5');  // 参数 a 的值为'3', b 的值为 undefined, c 的值为'5'
test4('3', '4');  // 参数 a 的值为'3', b 的值为'4', c 的值为'1'
test4('3', '4', undefined);  // 参数 a 的值为'3', b 的值为'4', c 的值为'1'
test4('3', undefined, undefined);  // 参数 a 的值为'3', b 的值为 undefined, c 的值为'1'
```

由于函数 test4 的定义中将默认参数放在了参数列表的末尾，因此以上的函数调用中这 2 条语句是等效的：

```
test4('3', '4');
test4('3', '4', undefined);
```

虽然 ArkTS 在函数参数的排列上很灵活，但是最好将默认参数或可选参数放在参数列表的后面，将必选参数放在参数列表的前面，这样可以使函数调用更直观，尤其是在需要利用参数的默认值时。

3. 剩余参数

ArkTS 允许函数的参数列表的最后一个参数为剩余参数。使用剩余参数时，函数可以接收任意数量的实参。剩余参数的语法格式如下：

```
...参数名: 数组类型
```

剩余参数是一个数组，用于收集参数列表中剩余的参数。剩余参数必须定义在参数列表的最后。示例如下：

```
// 计算所有参数之和
function summation(a: number, b: number, ...numbers: number[]) {
    let sum = a + b;

    if (numbers.length !== 0) {
        for (let num of numbers) {
            sum += num;
        }
    }

    return sum;
}
```

使用以下语句可以多次调用函数 summation：

```
// 参数 a 的值为 1, b 的值为 2, 数组 numbers 为空
let sum = summation(1, 2);
```

```
// 参数 a 的值为 1，b 的值为 2，数组 numbers 为[3]
sum = summation(1, 2, 3);

// 参数 a 的值为 1，b 的值为 2，数组 numbers 为[3, 4, 5]
sum = summation(1, 2, 3, 4, 5);
```

4.3.2 引用类型参数的传递

如前所述，在函数中可以将形参当作普通变量使用。示例程序如代码清单 4-2 所示。

代码清单 4-2 Index.ets

```
01  // 其他代码略
02  .onClick((event: ClickEvent) => {
03    let a = 10;
04    test(a);  // 调用函数 test
05    console.log(a.toString());
06  })
07
08  function test(num: number) {
09    num += 1;
10    console.log(num.toString());
11  }
```

在 Previewer 窗口中单击“运行”按钮，HiLog 窗口中的输出如下：

```
11
10
```

让我们分析一下函数调用的过程。在 onClick 事件方法被触发执行后，首先声明了变量 a，其初始值为 10（第 3 行），接着将变量 a 作为实参调用了函数 test（第 4 行）。函数被调用后，开始进行参数传递，实参 a 的值被传递给形参 num，此时 a 的值为 10，num 的值也为 10。接着开始执行函数体，num 的值变为 11（第 9 行），HiLog 窗口中输出 num 的值 11（第 10 行）。函数调用结束后，回到调用点，继续执行后续的代码，HiLog 窗口中输出 a 的值 10（第 5 行）。

对于值类型的参数，参数传递的是值，在函数体内修改形参的值不会影响到实参的值。例如，在上面的示例中，在函数体内修改了形参 num 的值，但是对实参 a 的值没有任何影响。

对于引用类型的参数，参数传递的是实例的引用，在函数体内修改形参会影响到实参（因为实参和形参引用的是同一个实例）。示例程序如代码清单 4-3 所示。

代码清单 4-3 Index.ets

```
01  // 其他代码略
02  .onClick((event: ClickEvent) => {
03    let numbers = [1, 2, 3, 4, 5];
04    console.log('调用函数之前的 numbers: ' + JSON.stringify(numbers));
05
```

```
06     updateArray(numbers, 6);  // 调用函数 updateArray
07     console.log('调用函数之后的 numbers: ' + JSON.stringify(numbers));
08  })
09
10  function updateArray(arr: number[], num: number) {
11     arr.push(num);  // 为 arr 添加元素 num
12  }
```

在 Previewer 窗口中单击“运行”按钮，HiLog 窗口中的输出如下：

```
调用函数之前的 numbers: [1,2,3,4,5]
调用函数之后的 numbers: [1,2,3,4,5,6]
```

在以上示例中，函数 updateArray 的第 1 个参数是一个数组（引用类型），在函数被调用之前实参数组 numbers 中包含 5 个元素 1、2、3、4 和 5（第 3、4 行）。当函数被调用时，在函数体中为形参数组 arr 添加了一个元素 num（第 11 行）。在函数调用结束之后，实参数组中也添加了一个元素，实参数组和形参数组是同步变化的。

4.4　箭头函数

箭头函数（或称 lambda 表达式）可以简单地看作匿名的函数。其语法格式如下：

```
([参数列表])[: 返回类型] => {
    函数体
}
```

与函数类似，在箭头函数的参数列表中也可以使用可选参数和默认参数；如果参数类型可以被自动推断出来，那么参数类型可以省略。箭头函数的返回类型也可以省略；如果省略了返回类型，则根据函数体自动推断返回类型。在箭头函数的函数体中，可以使用 return 语句返回值。

箭头函数支持立即调用，其调用的方式和函数类似。示例如下：

```
((message: string) => {
    console.log(message);
})('你好');
```

以上示例中有一个箭头函数：

```
(message: string) => {
    console.log(message);
}
```

调用箭头函数时，使用一对圆括号将箭头函数括起来，并在圆括号之后给出实参列表；实参列表也是以一对圆括号括起来，如果没有实参，圆括号不能省略。

箭头函数的用法主要如下。

- 作为变量值。
- 作为函数参数。
- 作为函数返回值。

下面我们依次来说明箭头函数的这几种用法。

1. 将箭头函数作为变量值

对于函数类型的变量，我们可以使用箭头函数作为变量值。函数类型由函数的参数列表及函数的返回类型构成，其语法格式如下：

```
([参数1: 参数类型, 参数2: 参数类型, ……]) => 返回类型
```

在下面的示例代码中，声明了一个函数类型的变量 add；接着将一个箭头函数作为变量值赋给 add；在赋值完成后，就可以像使用函数一样使用变量 add。

```
// 变量 add 的类型为函数类型(x: number, y: number) => number
let add: (x: number, y: number) => number;

// 将箭头函数作为变量值赋给 add
add = (a, b) => {
    return a + b;
}

console.log(add(4, 5).toString());  // 直接将 add 当作函数调用
```

在上面的示例中，由于可以根据 add 的类型推断出箭头函数的两个参数的类型，因此在箭头函数中省略了两个参数的类型。

另外，如果箭头函数的函数体中只有一个 return 语句，那么可以同时省略花括号和关键字 return，直接返回结果。例如，下面的箭头函数

```
add = (a, b) => {
    return a + b;
}
```

可以简写为

```
add = (a, b) => a + b;
```

但是不能简写为

```
add = (a, b) => {a + b};  // 只省略了 return，没有同时省略花括号
```

以上箭头函数只省略了关键字 return，而没有同时省略花括号，这个箭头函数没有返回值，其返回类型为 void。

2. 将箭头函数作为函数参数

如果函数参数是函数类型，那么可以将箭头函数作为函数参数。示例如下：

```
// 其他代码略
.onClick((event: ClickEvent) => {
    let result = exeOp(5, 10, (a, b) => a + b);
    console.log(result.toString());  // 输出: 15
})

function exeOp(x: number, y: number, op: (a: number, b: number) => number): number {
```

```
    return op(x, y);
}
```

在以上示例代码中，函数 exeOp 的第 3 个参数 op 为函数类型，在调用函数时使用一个箭头函数作为实参。

实际上，仔细观察就可以发现，onClick 事件方法的参数也是一个箭头函数：

```
(event: ClickEvent) => {
    函数体
}
```

该箭头函数的参数 event 类型为 ClickEvent，对应着按钮的单击事件。

3. 将箭头函数作为函数返回值

箭头函数可以作为函数返回值，特别是在需要构造高阶函数时，箭头函数能够清晰地表达函数的返回逻辑。示例如下：

```
// 其他代码略
.onClick((event: ClickEvent) => {
    let add = adder();
    console.log(add(5, 10).toString());  // 输出：15
})

function adder() {
    return (a: number, b: number): number => a + b;
}
```

注　关于高阶函数的相关知识详见第 8 章。

在上面的示例中，我们创建了一个函数 adder，该函数不接收任何参数，直接返回一个执行加法的箭头函数。这种模式用于创建可配置的函数，或者在需要延迟函数执行的场合。通过调用函数 adder，我们得到了一个加法函数 add，然后调用了函数 add 来执行加法操作。

注意，在上面的示例中，我们没有将参数 a 和 b 定义在函数 adder 的参数列表中。通过将参数定义在返回的箭头函数中，我们延迟了函数执行。这意味着调用函数 adder 本身并不执行加法操作，而是返回一个可以在稍后执行此操作的函数。这种方式在需要预先设置函数行为但稍后再确定其参数时非常有用，如在事件处理器或回调中。

另外，利用这种模式，我们可以封装函数创建的逻辑，提供一个抽象层。这使得函数 adder 可以根据内部逻辑动态地创建和返回函数，调用者无须关心这些内部细节。

总的来说，箭头函数提供了一种更简洁的函数声明方式，尤其适用于那些仅包含单一语句的函数体。虽然在 ArkTS 中不支持函数的嵌套定义，但通过在函数内部使用箭头函数，我们能够巧妙地绕过这一限制。这种方式不仅保持了代码的简洁性，还为 ArkTS 提供了灵活的函数定义能力。

4.5 闭包

闭包（closure）可以简单地理解为一个函数及其引用的外部变量的组合。在 ArkTS 中，如果一个箭头函数访问了外部作用域（通常是一个函数）中定义的变量，则称该箭头函数捕获了该变量，箭头函数以及被捕获的变量构成了闭包。示例如下：

```
function testClosure() {
    let x = 1;
    return () => {
        x++;
        console.log(x.toString());
    };
}
```

在上面定义的函数 testClosure 中，我们定义了一个变量 x，函数 testClosure 内部的箭头函数访问了变量 x，该箭头函数及其捕获的变量 x 构成了闭包，如图 4-1 所示。

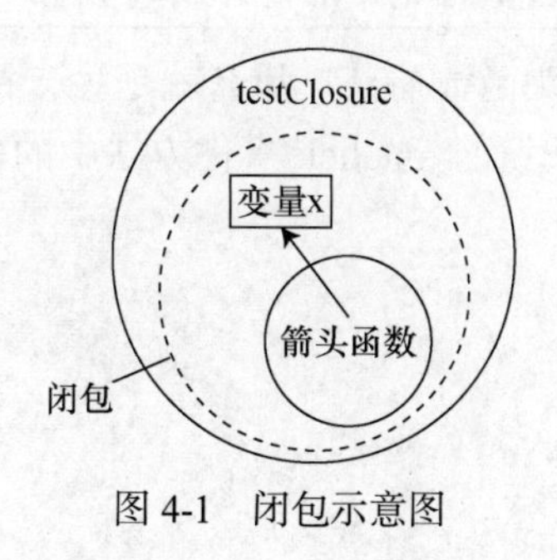

图 4-1 闭包示意图

4.5.1 闭包的工作原理和核心特性

闭包允许一个函数记住并访问它的词法作用域，即使该函数脱离了其原始作用域，也能够访问到作用域中的变量。

词法作用域（也称静态作用域）是一种变量和函数作用域的决定机制，它根据源代码中变量和函数的声明位置来确定程序在运行时如何查找标识符（如变量名、函数名）。在词法作用域的规则下，函数的作用域在函数定义时就已经确定了，而不是在函数被调用时确定。这意味着函数可以自由访问其自身作用域内的变量，以及其定义时所处的任何外部作用域中的变量。

闭包的存在依赖于词法作用域的规则。闭包允许一个函数访问该函数定义时所在作用域的变量，即使是在该作用域外部执行该函数时也能够做到这一点。通俗地说，闭包“记住”了它被创建时的环境。

让我们看一个函数，相关代码如下：

```
// 其他代码略
.onClick((event: ClickEvent) => {
    test();
```

```
})

function test() {
    let x = 1;
    console.log(x.toString());
}
```

在上面的函数 test 中声明了一个变量 x，该变量 x 的作用域是局部的，即仅限于函数 test 的函数体。每当函数 test 被调用并执行时，变量 x 便被创建并初始化；而当函数 test 执行完毕后，x 的生命周期也随之终止，导致它被销毁，从而无法再被访问。在函数 test 的每次调用过程中，均会重新创建并初始化一个新的局部变量 x，并且随着函数执行完毕，这个变量又会被销毁。因此，每次函数调用时创建的局部变量都是独立的，它们在函数调用结束后将被清理。

注 虽然变量 x 在逻辑上在函数执行完毕后不再存在，但变量 x 不一定会被即时销毁，其实际的销毁时机取决于语言的垃圾回收机制。不过从变量生命周期的角度看，我们可以认为该变量在函数执行完毕后即不再可用。

如果变量 x 被函数内部的箭头函数捕获，那么就是另一种情况了。回到 4.5 节开头定义的函数 testClosure，修改“运行”按钮的 onClick 事件方法中的代码，相关代码如下：

```
// 其他代码略
.onClick((event: ClickEvent) => {
    let tc = testClosure();

    // 连续 3 次调用 tc
    tc();
    tc();
    tc();
})

function testClosure() {
    let x = 1;
    return () => {
        x++;
        console.log(x.toString());
    };
}
```

单击 Previewer 窗口中的“运行”按钮，HiLog 窗口中将输出：

```
2
3
4
```

以上示例演示了闭包的工作原理。

函数 testClosure 定义了一个局部变量 x 并将其初始化为 1，然后返回一个箭头函数，这个箭头函数捕获了变量 x，形成一个闭包。下面这行代码调用并执行了函数 testClosure，并将返回的闭包赋给变量 tc。接着通过“tc();”执行了箭头函数 3 次。

```
let tc = testClosure();
```

箭头函数通过闭包机制“记住”了其创建时作用域中的变量 x 的状态，即使函数 testClosure 的执行上下文已经结束，闭包仍能访问和修改变量 x，变量 x 的生命周期被延长了。

在第一次调用 tc 时，箭头函数内部的“x++”将 x 的值从 1 增加到 2，然后 HiLog 窗口输出 2；第二次调用 tc 时，由于闭包使得箭头函数记住了 x 的当前状态（值为 2），“x++”操作将 x 的值增加到 3，然后 HiLog 窗口输出 3；第三次调用 tc 时亦是同理，最后 HiLog 窗口输出 4。

通过闭包，变量 x 在多次函数调用之间可以保持状态持久化。因为变量 x 不是在每次调用 tc 时重新初始化的，而是在函数 testClosure 首次被调用时初始化，并由闭包维持了状态。

当箭头函数被返回并在外部函数的作用域外部被调用时，即便外部函数已经执行结束，箭头函数仍然能够访问外部函数的变量。这就是闭包的核心特性。

通过使用闭包，我们可以创建具有私有状态的函数，这在模块化编程和设计模式实现中非常有用。闭包可供我们封装和保护变量，防止函数被外部作用域直接访问和修改，同时提供了操作变量的方法。

4.5.2 进一步了解闭包

闭包会为每次函数调用创建独立的上下文环境，无论闭包捕获的是值类型还是引用类型的变量。

首先看一个值类型的示例。相关代码如下：

```
// 其他代码略
.onClick((event: ClickEvent) => {
    let tc1 = testClosure();
    let tc2 = testClosure();

    // 连续两次调用 tc1
    tc1();
    tc1();

    // 连续两次调用 tc2
    tc2();
    tc2();
})

function testClosure() {
    let x = 1;
    return () => {
        x++;
        console.log(x.toString());
    };
}
```

单击 Previewer 窗口中的“运行”按钮，HiLog 窗口中将输出：

```
2
3
2
3
```

在上述代码中，函数 testClosure 内声明的变量 x（number 类型）是一个值类型的变量，而值类型的变量是按值传递的，这意味着操作的是数据值的副本，而不是对数据的引用。

先执行以下代码：

```
let tc1 = testClosure();
```

随后函数 testClosure 被调用并执行，创建了一个变量 x 并初始化为 1，然后将返回的闭包赋给 tc1。

再执行下一条代码：

```
let tc2 = testClosure();
```

函数 testClosure 再次被调用并执行，创建了一个新的变量 x 并初始化为 1，然后将返回的新的闭包赋给 tc2。

由于 x 是值类型的变量，每次调用函数 testClosure 都会创建一个新的变量 x，以及返回一个新的闭包，每个闭包能够独立地访问和修改其各自的变量 x，即 tc1 和 tc2 维护着各自的变量 x。

之后程序连续两次调用 tc1。第一次调用将闭包 tc1 中的 x 的值增加为 2 并输出，第二次调用再次增加，将 x 的值变为 3 并输出。这些操作都是在闭包 tc1 内部对其捕获的变量 x 进行的。

对于 tc2 也是同理。第一次调用将闭包 tc2 中的 x 的值从 1 增加到 2 并输出，第二次调用将 x 增加到 3 并输出。这些操作独立于 tc1，因为 tc2 捕获的是另一个变量 x。

再看一个引用类型的例子。相关代码如下：

```
// 其他代码略
.onClick((event: ClickEvent) => {
    let tc1 = testClosure();
    let tc2 = testClosure();

    // 连续两次调用 tc1
    tc1();
    tc1();

    // 连续两次调用 tc2
    tc2();
    tc2();
})

function testClosure() {
    let arr = [1];  // 引用类型变量（数组）
    return () => {
        // 在数组末尾添加新元素，其值为数组最后一个元素的值加 1
```

```
        arr.push(arr[arr.length - 1] + 1);
        console.log(JSON.stringify(arr));
    };
}
```

单击 Previewer 窗口中的“运行”按钮，HiLog 窗口中将输出：

```
[1,2]
[1,2,3]
[1,2]
[1,2,3]
```

在这个例子中，函数 testClosure 创建了一个数组 arr。这个数组是一个引用类型的变量，意味着它存储的是对数据的引用，而不是数据本身的副本。当返回的闭包被调用时，它通过这个引用来操作数组，如添加新的元素。

每次调用 testClosure 时，都会创建一个新的数组 arr，然后返回一个能够访问并修改这个数组的闭包。因此，tc1 和 tc2 维护着对它们各自捕获的数组实例的引用。

连续调用 tc1 或 tc2 会修改并输出它们各自捕获的数组的状态，tc1 和 tc2 操作的是两个完全独立的数组。尽管闭包捕获的是引用类型的变量，但由于每次调用 testClosure 都会创建一个新的数组实例，所以 tc1 和 tc2 捕获的是不同的数组实例。

通过将闭包中捕获的变量从值类型修改为引用类型（如数组），我们可以看到闭包如何与其捕获的引用类型变量交互。每个闭包都可以修改它捕获的数组的状态，但由于每个闭包捕获的是不同的数组实例，因此这些修改是彼此独立的。这进一步展示了闭包可以用于维护和操作其捕获的变量的状态，无论这些变量是值类型还是引用类型。

本章主要知识点

- □ 函数的概念
- □ 函数的定义和调用
  - ■ 定义函数
  - ■ 调用函数
  - ■ 函数的返回类型
- □ 参数传递
  - ■ 不同形式的参数
    - ◆ 可选参数
    - ◆ 默认参数
    - ◆ 剩余参数
  - ■ 引用类型参数的传递
- □ 箭头函数的用法
- □ 闭包的相关知识

第5章

面向对象编程

面向对象编程是一种编程范式，它使用“对象”来设计应用程序和计算机程序。这种方法不仅提高了代码的重用性、灵活性和可维护性，还使得复杂系统更易于理解和管理。本章将深入探讨 ArkTS 中面向对象编程的核心概念，包括类和接口的使用，以及如何利用这些特性来构建健壮和高效的软件。

5.1 概述

面向对象编程（Object Oriented Programming，OOP）是一种以对象为核心的编程方式。面向对象编程中有两个很重要的概念——类和对象。其中，“类”是对某一类事物的抽象描述，“对象”是“类”的实例。例如，“植物”这一概念表示的是一大类多细胞生命形式，它们主要通过光合作用从太阳光中获取能量，具有根、茎、叶等结构。这是一个泛指的概念，它并非指某一种特定的植物，但是所有的植物都符合这一概念描述的特点。在自然界和人类生活中，我们见到的各式各样的植物，例如一棵树、一株草、一朵花等，都是“植物”这个抽象的概念（“类”）的一个个实例（“对象”）。

类是对象的抽象，对象是由类构造出来的。类描述了一组对象具有的数据指标和行为，但每个对象的数据指标的取值可以是不同的。例如，对于所有植物，都有生长高度、叶子的形状和大小、花的颜色、开花期等数据指标，但对于每一株具体的植物，它们的生长高度、叶子的形状和大小、花的颜色、开花期等数据的取值可能是不相同的。例如，两株玫瑰植物可能属于不同的品种，一株可能有大而红色的花朵，另一株可能有小而黄色的花朵。此外，即使是同一品种的植物，由于生长条件（如光照、水分、土壤类型等）的差异，它们的高度和生长速度也可能不同。

面向对象编程，就是把构成问题的事物划分为多个独立的对象，通过多个对象之间的相互配合来实现程序所需的功能。面向对象编程的核心是对象，面向对象的三大特征为封装、继承和多态。面向对象编程会涉及一系列重要的概念，包括类、对象、封装、继承、多态、重写、抽象类和接口等。在本章中，我们将通过一个模拟课务管理的小型项目来说明与面向对象编程相关的一系列重要概念。

5.2 类的定义和对象的创建

本节将从类的定义开始，探索如何在 ArkTS 中定义类，以及如何实例化对象。类提供了封装数据和行为的模板。通过学习类的各种成员，如字段、方法、构造函数等，我们将获得设计出结构化和功能丰富的类型系统的能力。

要在程序中创建对象，首先要做的是定义类（class 类型）。定义类的语法格式如下：

```
class 类名 {
    定义体      // 可以包含字段、构造函数、属性和方法
}
```

在 ArkTS 中，类使用关键字 class 定义；class 之后是类的名称，类名称必须是合法的标识符，建议使用**大驼峰命名风格**来命名；类名称之后是以一对花括号括起来的 class 定义体，class 定义体中可以定义一系列类的成员，包括字段、构造函数、属性和方法。每定义一个类，就创建了一个新的自定义类型。

下面我们在 Index.ets 中定义一个表示体育课的类 PhysicalEducation。程序代码如代码清单 5-1 所示。

代码清单 5-1 Index.ets 中的 PhysicalEducation 类

```
01 class PhysicalEducation {
02    readonly studentID: string;  // 学生学号
03    examScore: number;  // 考试得分
04
05    constructor(studentID: string, examScore: number) {
06       this.studentID = studentID;
07       this.examScore = examScore;
08    }
09
10    // 计算课程总评分
11    calculateTotalScore(): number {
12       return this.examScore;
13    }
14 }
```

注　本章节及之后示例中的所有类或接口都定义在 ets 文件的顶层。

在 PhysicalEducation 类的定义体中，我们定义了两个实例字段 studentID 和 examScore、1 个构造函数（以关键字 constructor 开头的函数）以及 1 个实例方法 calculateTotalScore。

- 实例字段 studentID 和 examScore 分别用于表示一个学生的学号和体育课考试得分。
- 构造函数用于初始化类的对象，其最常见的用途是初始化实例字段。在 PhysicalEducation 类的构造函数中，分别将形参 studentID 和 examScore 的值赋给了实例字段 studentID 和 examScore，完成了对这两个实例字段的初始化。在构造函数中访问实例字段时，必须

在实例字段的前面添加“this.”。其中，this 表示当前正在调用构造函数的 PhysicalEducation 对象。

■ 实例方法 calculateTotalScore 用于计算体育课的课程总评分。在本例中，假设体育课的课程总评分完全由考试得分构成，因此课程总评分即为考试得分。在实例方法中访问实例字段时，必须在实例字段的前面添加“this.”。其中，this 表示当前正在调用实例方法 calculateTotalScore 的 PhysicalEducation 对象。

定义好类之后，我们就可以创建类的对象了。创建对象使用关键字 new，其语法格式如下：

```
new 类名([参数列表]);
```

接下来，定义一个函数 test，在其中创建一个 PhysicalEducation 的对象 physicalEducation，并在“运行”按钮的 onClick 事件方法中调用函数 test。相关代码如代码清单 5-2 所示。

代码清单 5-2 Index.ets 中的 test 函数和 onClick 事件方法

```
01 // 其他代码略
02 .onClick((event: ClickEvent) => {
03    test();  // 调用函数 test
04 }
05
06 function test() {
07    // 创建 PhysicalEducation 类的对象
08    const physicalEducation: PhysicalEducation = new PhysicalEducation('0011', 90);
09
10    // 访问实例字段
11    console.log(`学号: ${physicalEducation.studentID}`);
12    console.log(`考试得分: ${physicalEducation.examScore}`);
13
14    // 调用实例方法
15    console.log(`课程得分: ${physicalEducation.calculateTotalScore()}`);
16 }
```

在 Previewer 窗口中单击“运行”按钮，HiLog 窗口中输出的结果如下：

```
学号: 0011
考试得分: 90
课程得分: 90
```

在函数 test 中，我们用以下代码创建一个体育课对象 physicalEducation：

```
const physicalEducation: PhysicalEducation = new PhysicalEducation('0011', 90);
```

在上面的代码中，我们创建了一个常量 physicalEducation，其类型为 PhysicalEducation，其初始值为通过“new PhysicalEducation('0011', 90)”创建的 PhysicalEducation 对象（第 8 行）。创建对象时，系统会自动调用 PhysicalEducation 类的构造函数，将实参'0011'和 90 分别传递给了构造函数的形参 studentID 和 examScore，然后构造函数利用得到的数据对实例字段进行了初始化。

在创建对象之后，我们就可以通过对象访问实例字段和实例方法了。访问的语法格式如下：

```
对象名.实例字段
对象名.实例方法([参数列表])
```

在代码清单 5-2 中，我们分别使用 physicalEducation.studentID 和 physicalEducation.examScore 访问了对象 physicalEducation 的实例字段 studentID 和 examScore（第 11 行和第 12 行）；在第 15 行调用了对象 physicalEducation 的实例方法 calculateTotalScore，计算了该对象的课程得分。

接下来，我们展开讨论一下类的成员——字段、方法和构造函数，以及如何访问类的成员和类的一些特性。

5.2.1 字段

在类的顶层定义的变量被称为字段，字段分为实例字段和静态字段。

实例字段用于存储**实例的数据**，只能**通过实例访问**。静态字段用于存储**类的数据**，只能**通过类名访问**，不能通过实例访问。

声明实例字段的语法格式如下：

```
[readonly] 实例字段名[: 数据类型] [= 初始值]
```

关键字 readonly 表示“只读”。当一个实例字段被标记为 readonly 时，它的值只能在声明时或在构造函数内部被初始化一次，之后就不能再被修改。

实例字段在定义时可以不设置初始值。如果实例字段在定义时没有设置初始值，则必须指明数据类型。在构造函数中必须对所有没有初始值的实例字段进行初始化，否则会引发编译错误。值得注意的是，若使用问号（?）将某个实例字段标记为可选字段，则该字段的初始值为 undefined。

声明静态字段的语法格式如下：

```
static [readonly] 静态字段名[: 数据类型] [= 初始值]
```

静态字段在定义时使用关键字 static 修饰。当一个静态字段被标记为 readonly 时，它的值只能在声明时或在静态初始化块中被初始化一次，之后就不能再被修改。

在**类的内部**，访问实例字段的语法格式如下：

```
this.实例字段
```

在**类的外部**，访问实例字段的语法格式如下：

```
对象名.实例字段
```

在**类的内部和外部**，访问静态字段的语法格式均如下：

```
类名.静态字段
```

在课务管理项目中，对于体育课，我们比较关心学生学号和考试得分这两个数据，因此在

PhysicalEducation 类中只定义了 studentID 和 examScore 这两个字段。对于每一个学生（对应不同的 PhysicalEducation 对象），其学号都是不同的，并且体育课的考试得分也可能不同，因此 studentID 和 examScore 被声明为实例字段。在声明这两个字段时，都没有设置初始值，而是通过构造函数完成了初始化。在创建了 PhysicalEducation 类的对象 physicalEducation 之后，在函数 test（类的外部）中通过 physicalEducation.studentID 和 physicalEducation.examScore 访问了实例字段 studentID 和 examScore。

接下来，我们会为 PhysicalEducation 类添加一个静态字段 counter，用于统计该类所构造的实例的个数。由于每次创建 PhysicalEducation 对象时，系统都会自动地调用构造函数，因此，在构造函数中让静态字段 counter 自动加 1。修改后的 PhysicalEducation 类如代码清单 5-3 所示。

代码清单 5-3 Index.ets 中的 PhysicalEducation 类

```
01 class PhysicalEducation {
02    static counter = 0;  // 用于统计 PhysicalEducation 类的实例个数的静态字段
03    readonly studentID: string;  // 学生学号
04    examScore: number;  // 考试得分
05
06    constructor(studentID: string, examScore: number) {
07       this.studentID = studentID;
08       this.examScore = examScore;
09       PhysicalEducation.counter++;
10    }
11
12    // 计算课程总评分
13    calculateTotalScore(): number {
14       return this.examScore;
15    }
16 }
```

在示例程序中，在类的内部（构造函数中）访问了静态字段 counter，使用了“类名.静态字段”的方式（第 9 行）。

接着，修改函数 test，在其中创建多个 PhysicalEducation 对象，多次访问并输出 PhysicalEducation 类的静态字段 counter，以观察其变化，如代码清单 5-4 所示。

代码清单 5-4 Index.ets 中的 test 函数

```
01 function test() {
02    const physicalEducation1 = new PhysicalEducation('0011', 90);
03    console.log(`学号: ${physicalEducation1.studentID}`);
04
05    // 访问静态字段
06    console.log(`创建的对象个数: ${PhysicalEducation.counter}`);
07
08    const physicalEducation2 = new PhysicalEducation('0012', 88);
09    console.log(`学号: ${physicalEducation2.studentID}`);
10
```

```
11      // 再次访问静态字段
12      console.log(`创建的对象个数：${PhysicalEducation.counter}`);
13  }
```

在程序第 6 行和第 12 行通过 PhysicalEducation.counter 先后两次访问了静态字段。在类的外部（函数 test 中）对静态字段进行访问，使用了“类名.静态字段”的方式。

在 Previewer 窗口中单击“运行”按钮，HiLog 窗口中输出的结果如下：

```
学号：0011
创建的对象个数：1
学号：0012
创建的对象个数：2
```

在程序中每创建一个 PhysicalEducation 对象，PhysicalEducation 类的静态字段 counter 的值就自动加 1。总之，静态字段是属于类的，实例字段是属于实例的，每个实例都有一份属于自己的实例字段。静态字段 counter 是属于 PhysicalEducation 类的，physicalEducation1 和 physicalEducation2 都有一份属于自己的实例字段 studentID 和 examScore，如图 5-1 所示。

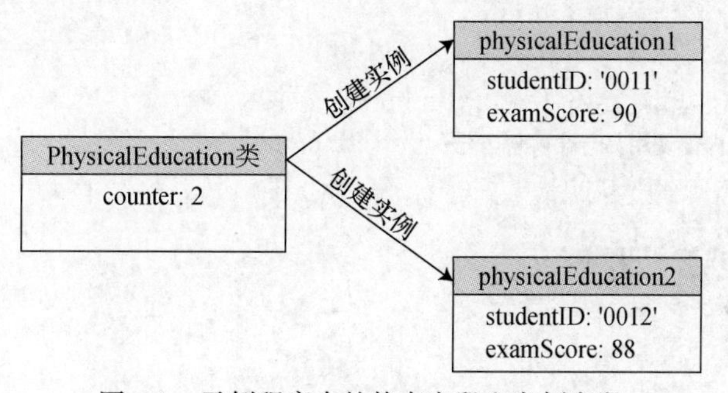

图 5-1　示例程序中的静态字段和实例字段

5.2.2 方法

在类中定义的函数（构造函数除外）称为*方法*，方法可分为*实例方法*和*静态方法*。

实例方法用于描述**实例的行为**，只能**通过实例调用**。静态方法用于描述**类的行为**，只能**通过类名调用**，不能通过实例调用。

实例方法的定义与普通的函数类似，区别在于实例方法在定义时去掉了关键字 function；而静态方法的定义与实例方法的区别在于，静态方法在定义时需要在前面加上关键字 static。对应的语法格式如下：

```
实例方法名([参数列表])[: 返回类型] {
    方法体
}

static 静态方法名([参数列表])[: 返回类型] {
    方法体
}
```

在**类的内部**，调用实例方法的语法格式如下：

```
this.实例方法([参数列表])
```

在**类的外部**，调用实例方法的语法格式如下：

```
对象名.实例方法([参数列表])
```

在**类的内部和外部**，调用静态方法的语法格式均如下：

```
类名.静态方法([参数列表])
```

示例代码如下：

```
class ExampleClass {
    static staticMethod() {
        console.log('这是一个静态方法');
    }

    instanceMethod() {
        console.log('这是一个实例方法');
    }

    anotherInstanceMethod() {
        // 在类的内部调用另一个实例方法
        this.instanceMethod();

        // 在类的内部调用静态方法
        ExampleClass.staticMethod();
    }
}

function test() {
    // 创建类的实例
    const example = new ExampleClass();

    // 在类的外部调用实例方法
    example.instanceMethod();  // 输出：这是一个实例方法

    // 在类的外部调用静态方法
    ExampleClass.staticMethod();  // 输出：这是一个静态方法
}

// 其他代码略
.onClick((event: ClickEvent) => {
    test();
}
```

在 Previewer 窗口中单击“运行”按钮，HiLog 窗口中输出的结果如下：

```
这是一个实例方法
这是一个静态方法
```

我们在课务管理项目的 PhysicalEducation 类中定义了一个实例方法 calculateTotalScore，用于计算体育课对象的课程得分；在函数 test 中，通过构造的体育课对象调用了这个方法；接下来为 PhysicalEducation 类添加一个静态方法 printCounter，用于输出静态字段 counter 的值。修改后的 PhysicalEducation 类如代码清单 5-5 所示（其中略去了不相关的代码）。

代码清单 5-5　Index.ets 中的 PhysicalEducation 类

```
01  class PhysicalEducation {
02     static counter = 0;  // 用于统计 PhysicalEducation 类的实例个数的静态字段
03     // 其他字段声明略
04
05     constructor(studentID: string, examScore: number) {
06        // 代码略
07     }
08
09     // 静态方法
10     static printCounter() {
11        console.log(`创建的对象个数：${PhysicalEducation.counter}`);
12     }
13
14     // 计算课程总评分
15     calculateTotalScore(): number {
16        return this.examScore;
17     }
18  }
```

然后，在函数 test 中通过类名调用 PhysicalEducation 类的静态方法 printCounter（删除了原来直接访问静态字段的两行代码），如代码清单 5-6 所示。

代码清单 5-6　Index.ets 中的 test 函数

```
01  function test() {
02     const physicalEducation1 = new PhysicalEducation('0011', 90);
03     console.log(`学号：${physicalEducation1.studentID}`);
04
05     console.log(`创建的对象个数：${PhysicalEducation.counter}`);
06     PhysicalEducation.printCounter();  // 调用静态方法
07
08     const physicalEducation2 = new PhysicalEducation('0012', 88);
09     console.log(`学号：${physicalEducation2.studentID}`);
10
11     console.log(`创建的对象个数：${PhysicalEducation.counter}`);
12     PhysicalEducation.printCounter();  // 再次调用静态方法
13  }
```

单击“运行”按钮，输出的结果和修改之前是一样的。

5.2.3 构造函数

构造函数是一种特殊的函数，用于初始化类的对象（实例）。构造函数最常见的用途是初始化实例字段。

类中定义的以关键字 constructor 开头的函数称作构造函数。构造函数在定义时，不能为其指定返回类型。当通过关键字 new 创建类的对象时，系统会自动调用构造函数，然后返回构造的对象，该对象的类型就是对应的类。

在构造函数中，我们可以对传入参数的合理性进行验证。例如，对于 PhysicalEducation 对象，其考试得分的取值应该在 0 和 100 之间（本例采用百分制）。如果在创建对象时，传入的考试得分不合理，那么最后计算出来的总评分也将是错误的。为了解决这一问题，我们可以在构造函数中加入对考试得分进行验证的逻辑。修改后的代码如下：

```
class PhysicalEducation {
    readonly studentID: string;  // 学生学号
    examScore: number;  // 考试得分

    constructor(studentID: string, examScore: number) {
        this.studentID = studentID;

        // 验证 examScore 的合理性，如果传入的值不合理，则设置为 0
        if (examScore >= 0 && examScore <= 100) {
            this.examScore = examScore;
        } else {
            this.examScore = 0;
        }
    }

    // 计算课程总评分
    calculateTotalScore(): number {
        return this.examScore;
    }
}

function test() {
    const physicalEducation1 = new PhysicalEducation('0011', -90);
    console.log(`学号: ${physicalEducation1.studentID}`);
    console.log(`课程得分: ${physicalEducation1.calculateTotalScore()}`)

    const physicalEducation2 = new PhysicalEducation('0012', 50);
    console.log(`学号: ${physicalEducation2.studentID}`);
    console.log(`课程得分: ${physicalEducation2.calculateTotalScore()}`);
}
```

单击“运行”按钮，HiLog 窗口中输出的结果如下：

```
学号：0011
课程得分：0
学号：0012
课程得分：50
```

如果类中没有定义任何构造函数，并且所有实例字段都有初始值，那么编译器会假设存在一个默认的无参构造函数，其函数体为空。这意味着即使没有在类定义中明确写出“constructor() {}”，类的行为仍然会表现得就像有这样一个构造函数一样。这个默认的构造函数会在实例化对象时被调用，确保类的所有实例字段都被正确初始化。例如，假设以下是 PhysicalEducation 类的定义：

```
class PhysicalEducation {
    readonly studentID: string = '';
    examScore: number = 0;
}
```

那么，以上代码与下面的代码是等效的：

```
class PhysicalEducation {
    readonly studentID: string = '';
    examScore: number = 0;

    constructor() {}
}
```

5.2.4 成员访问

在类的内部，类的成员也可以访问其他成员。各种成员的访问限制如表 5-1 所示。

表 5-1 各种成员的访问限制

访问者 \ 被访问者	实例字段	实例方法	静态字段	静态方法
构造函数	○	○	○	○
实例方法	○	○	○	○
静态方法	×	×	○	○

注：○表示允许访问，×表示不允许访问。

构造函数和实例方法可以访问所有成员，包括实例成员和静态成员。

静态方法只能访问静态成员。静态方法是在类级别上工作的，它们不依赖于类的任何特定实例，因此它们不能直接访问实例成员（非静态成员）。即便没有创建任何类的实例，静态方法也可以被正常调用。

下面我们借一个简单的类的示例来进一步阐明这一点。示例代码如下：

```
class ExampleClass {
    static staticField = '静态字段';
```

```
    instanceField = '实例字段';

    constructor() {
        console.log(ExampleClass.staticField);  // 在构造函数中访问静态字段
        console.log(this.instanceField);  // 在构造函数中访问实例字段
    }

    instanceMethod() {
        console.log(ExampleClass.staticField);  // 在实例方法中访问静态字段
        console.log(this.instanceField);  // 在实例方法中访问实例字段
    }

    static staticMethod() {
        console.log(ExampleClass.staticField);  // 在静态方法中访问静态字段
        // console.log(this.instanceField);  // 错误：静态方法不能访问实例字段
    }
}
```

在以上示例程序中，构造函数和实例方法可以访问静态字段 staticField 和实例字段 instanceField。静态方法可以访问静态字段 staticField，但不能访问实例字段 instanceField。

5.2.5 对象字面量

除了使用关键字 new，我们还可以使用对象字面量创建对象。对象字面量是一种简洁的语法，允许直接在代码中定义对象的内容。

对象字面量通过一对花括号来定义，其中可以包含 0 到多个键值对，每个键值对表示对象的一个字段。键表示字段名，必须是合法的标识符；字段名后面跟着一个冒号，然后是字段值。如果对象有多个字段，它们之间用逗号分隔。以下是一个使用对象字面量创建对象的例子：

```
class Person {
    name: string = '';
    age: number = 0;
    email?: string;  // 可选字段
}

function test() {
    let person: Person;

    person = { name: 'Alice', age: 18 };
    console.log(JSON.stringify(person));

    person = { name: 'Mike', age: 23, email: 'mike@example.com' };
    console.log(JSON.stringify(person));
}

// 其他代码略
```

```
    .onClick((event: ClickEvent) => {
        test();
    }
```

在这个例子中，我们先后创建了两个对象字面量作为 Person 类的实例。由于字段 email 是可选的，因此对象字面量中既可以包含 email，也可以不包含。

当把一个对象字面量作为一个类的实例时，该类不能包含 readonly 字段，不能包含有参构造函数，也不能包含任何方法。

对象字面量只能在编译器可以推断出其类型的上下文中使用。例如，不能将对象字面量赋值给一个没有显式声明类型的变量或常量。示例如下：

```
class Person {
    name: string = '';
    age: number = 0;
}

function test() {
    // 编译错误，无法推断对象字面量的类型
    const person = { name: 'Alice', age: 18 };
}
```

以上示例代码在将对象字面量作为常量 person（没有显式声明类型）的初始值时，编译报错了，因为编译器无法推断出该对象字面量的类型。如果将 person 的类型显式声明为 Person，那么程序就不会报错了。

此外，不可以将对象字面量作为 Object 或 object 类型的实例。

注　关于 Object 类型的相关知识详见 5.4.1 节。

5.2.6 类是引用类型

前文介绍的常用数据类型大部分属于值类型，例如 number、string、boolean 等。对于值类型的数据，在执行赋值、函数传参或函数返回的操作时，会对数据的值进行复制，生成一个副本（拷贝），之后对副本的各种操作不会影响到原数据本身。每次赋值或传递时，都是创建了一个新的、独立的数据副本。示例如下：

```
function increment(x: number): number {
    return ++x;  // 对 x 的递增操作不会影响到外部传入的值
}

function test() {
    let a = 10;  // a 是一个值类型
    let b = a;  // b 的值是 a 的一个副本
    console.log(`a = ${a}, b = ${b}`);  // 输出：a = 10, b = 10
    b = 20;  // 修改 b 的值不会影响到 a
    console.log(`a = ${a}, b = ${b}`);  // 输出：a = 10, b = 20
```

```
    let x = 1;
    let result = increment(x);  // 将 x 的副本传入函数，x 不会被函数内部的操作所改变
    console.log(x.toString());  // 输出：1，表明 x 的值没有被改变
    console.log(result.toString());  // 输出：2，是 x 的副本的操作结果
}

// 其他代码略
.onClick((event: ClickEvent) => {
    test();
}
```

在以上示例代码中，b 获得 a 的值的副本，所以改变 b 的值不会影响 a。同样，函数 increment 操作的是参数 x 的副本，不会影响到传入的原始变量 x 的值。

相对于值类型，另一种类型是引用类型。本章介绍的类就属于引用类型。对于引用类型的数据，在执行赋值、函数传参或函数返回的操作时，传递的是实例的引用，之后对引用的各种操作会影响到实例本身。

下面我们就赋值操作来举一个例子，示例程序如代码清单 5-7 所示。

代码清单 5-7 Index.ets 中的 PhysicalEducation 类和 test 函数

```
01 class PhysicalEducation {
02    readonly studentID: string;  // 学生学号
03    examScore: number;  // 考试得分
04
05    constructor(studentID: string, examScore: number) {
06       this.studentID = studentID;
07       this.examScore = examScore;
08    }
09
10    // 计算课程总评分
11    calculateTotalScore(): number {
12       return this.examScore;
13    }
14 }
15
16 function test() {
17    const physicalEducation1 = new PhysicalEducation('0011', 90);
18    console.log(`physicalEducation1 的考试得分：${physicalEducation1.examScore}`);
19
20    physicalEducation1.examScore = 70;  // 修改 physicalEducation1 的字段 examScore
21    console.log(`修改后 physicalEducation1 的考试得分：${physicalEducation1.examScore}`);
22
23    // 将 physicalEducation1 赋给 physicalEducation2 作为初始值
24    const physicalEducation2 = physicalEducation1;
25    console.log(`physicalEducation2 的考试得分：${physicalEducation2.examScore}`);
```

```
26
27     physicalEducation2.examScore = 80;  // 修改 physicalEducation2 的字段 examScore
28     console.log(`修改后 physicalEducation1 的考试得分：${physicalEducation1.examScore}`);
29     console.log(`修改后 physicalEducation2 的考试得分：${physicalEducation2.examScore}`);
30 }
```

在 Previewer 窗口中单击“运行”按钮，HiLog 窗口中输出的结果如下：

```
physicalEducation1 的考试得分：90
修改后 physicalEducation1 的考试得分：70
physicalEducation2 的考试得分：70
修改后 physicalEducation1 的考试得分：80
修改后 physicalEducation2 的考试得分：80
```

在函数 test 中，先创建一个 PhysicalEducation 类的对象 physicalEducation1（第 17 行）。在这个过程中，系统创建了一个 PhysicalEducation 类的实例，接着将这个实例的引用赋给常量 physicalEducation1 作为初始值。因此，physicalEducation1 中存储的不是实例本身，而是指向实例的引用。此时，physicalEducation1 所引用实例的字段 examScore 的值为 90。

接着，将 physicalEducation1 的字段 examScore 的值修改为 70（第 20 行）。这个操作实际上是修改了 physicalEducation1 所引用的实例的字段 examScore 的值。尽管 physicalEducation1 是常量，通过 physicalEducation1 仍可以修改其引用的实例的成员。这是因为引用类型的常量 physicalEducation1 中存储的内容并没有发生变化，physicalEducation1 中存储的始终都是对应实例的引用，而发生变化的是对应的实例本身。

之后我们声明了常量 physicalEducation2，将 physicalEducation1 赋给 physicalEducation2 作为初始值（第 24 行），这个操作传递的是 physicalEducation1 中存储的引用，而非实例本身。因此，physicalEducation2 和 physicalEducation1 引用的是同一个实例，通过这两个常量中的任意一个对实例进行修改操作，都会影响所有引用该实例的常量（或变量）。在第 27 行通过 physicalEducation2 将字段 examScore 的值修改为 80，最后通过 physicalEducation1 和 physicalEducation2 读取到的 examScore 值都变为了 80。

5.2.7 组织代码

随着开发的进行，Index.ets 中的代码会越来越多。在开发一定规模的项目时，最好不要将所有代码放在同一个文件中，而是应该根据内容将代码分别存放在各个单独的文件中，然后在需要的时候访问各文件的内容。通过将代码适当地组织到各个独立的文件中，我们能使每个文件只专注于完成特定的功能或只包含一组相互关联的类型（或函数）。这种做法增强了代码的可读性、可维护性和可重用性，同时也为团队协作、命名空间的有效管理以及测试和调试的工作流程提供了便利。

在继续实现课务管理项目之前，我们先整理一下代码。

在 DevEco Studio 的 Project 窗口中找到 Index.ets 所在的目录，当前工程文件夹下目录 entry

的结构如图 5-2 所示（图中只展示了部分的目录和文件）。

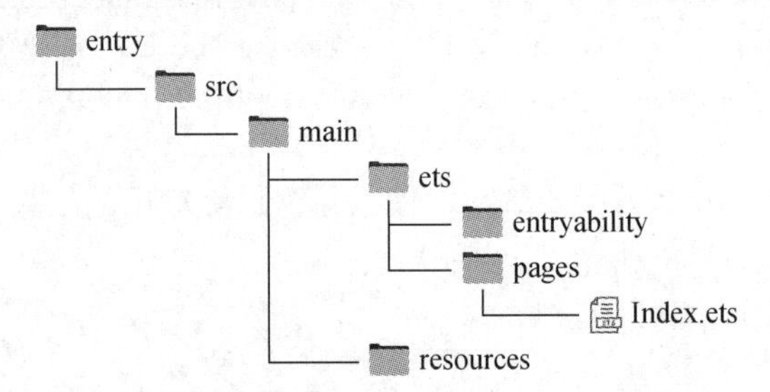

图 5-2　当前工程文件夹下目录 entry 的结构

在目录 ets 上单击右键，选择菜单【New】|【Directory】，新建一个目录。在弹出的“New Directory”窗口中将该目录命名为 course。然后在目录 course 中新建一个 ArkTS 文件 PhysicalEducation.ets。整理后的目录 entry 的结构如图 5-3 所示。

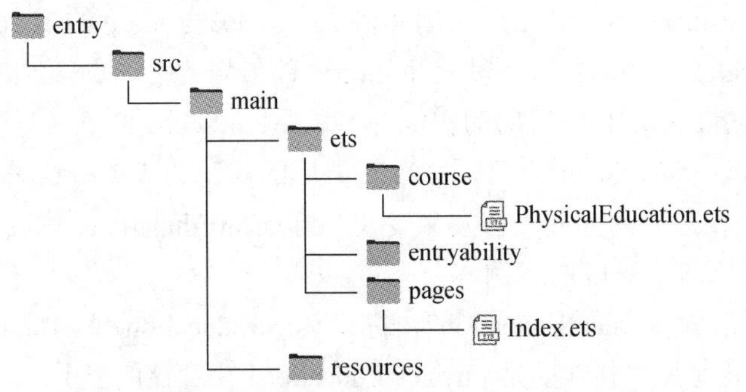

图 5-3　整理后的目录 entry 的结构

接下来，我们将 Index.ets 中定义的 PhysicalEducation 类移动到 PhysicalEducation.ets 中。

为了能在 Index.ets 中访问 PhysicalEducation 类，我们需要先在 PhysicalEducation.ets 中将 PhysicalEducation 类导出，然后在 Index.ets 中将 PhysicalEducation 类导入。

注　关于导出和导入的相关知识详见第 10 章。

整理后的 PhysicalEducation.ets 如代码清单 5-8 所示。

代码清单 5-8　PhysicalEducation.ets

```
01  export class PhysicalEducation {
02    readonly studentID: string;  // 学生学号
03    examScore: number;  // 考试得分
04
05    constructor(studentID: string, examScore: number) {
06      this.studentID = studentID;
07      this.examScore = examScore;
08    }
```

```
09
10     // 计算课程总评分
11     calculateTotalScore(): number {
12        return this.examScore;
13     }
14  }
```

在代码清单 5-8 中，我们用关键字 export 在 PhysicalEducation.ets 中导出了 PhysicalEducation 类（第 1 行）。

整理后的 Index.ets 如代码清单 5-9 所示。

代码清单 5-9 Index.ets

```
01  import { PhysicalEducation } from '../course/PhysicalEducation';
02
03  @Entry
04  @Component
05  struct Index {
06     build() {
07        Row() {
08           Column() {
09              Button('运行')
10                 // 其他代码略
11                 .onClick((event: ClickEvent) => {
12                    test();
13                 })
14           }
15           .width('100%')
16        }
17        .height('100%')
18     }
19  }
20
21  function test() {
22     const physicalEducation = new PhysicalEducation('0011', 90);
23     console.log(`学号：${physicalEducation.studentID}`);
24     console.log(`考试得分：${physicalEducation.examScore}`);
25     console.log(`课程得分：${physicalEducation.calculateTotalScore()}`);
26  }
```

在代码清单 5-9 中，我们用关键字 import 在 Index.ets 中导入了 PhysicalEducation 类（第 1 行）。

在 Previewer 窗口中单击“运行”按钮，HiLog 窗口中输出的结果如下：

```
学号：0011
考试得分：90
课程得分：90
```

5.3 封装

在讨论封装之前，我们先看一个修改实例字段的例子。在创建 PhysicalEducation 对象时，为了简便起见，我们先将考试得分设置为 0，在考试结束后再将考试得分修改为正确的分数。要修改实例字段，最简单的方式是通过对象直接修改。下面的代码直接在函数 test 中通过 PhysicalEducation 对象将考试得分修改为 90：

```
function test() {
    const physicalEducation = new PhysicalEducation('0011', 0);
    console.log(`考试得分：${physicalEducation.examScore}`);

    // 通过对象直接修改实例字段
    physicalEducation.examScore = 90;
    console.log(`考试得分：${physicalEducation.examScore}`);
}
```

采用这种方式直接修改实例字段是比较简单的操作，却不是一个安全的操作。例如，我们可以在函数 test 中再添加几行代码：

```
function test() {
    const physicalEducation = new PhysicalEducation('0011', 0);
    console.log(`考试得分：${physicalEducation.examScore}`);

    // 通过对象直接修改实例字段
    physicalEducation.examScore = 90;
    console.log(`考试得分：${physicalEducation.examScore}`);

    // 将实例字段修改为一个不合理的数值
    physicalEducation.examScore = -20;
    console.log(`考试得分：${physicalEducation.examScore}`);
}
```

在 Previewer 窗口中单击“运行”按钮，HiLog 窗口中输出的结果如下：

```
考试得分：0
考试得分：90
考试得分：-20
```

在上面的示例代码中，通过 physicalEducation 将实例字段 examScore 修改为-20，这个数值虽然合法、程序不会报错，但是不合理，因为分数不可能是负数。因此，直接从类的外部修改实例字段这个操作是不安全的，它可能会引入错误的数据。要解决这个问题，我们可以使用面向对象编程中的“封装”机制。

封装是面向对象编程的三大特征之一，它可以隐藏类的内部状态和实现细节，只通过公共接口暴露功能（这里的公共接口泛指供外部进行访问的成员，与本章后续要介绍的“接口”类型不是同一个概念）。通过封装，我们可以保护类的状态不被外部访问和修改，从而增加了代码的安全性和易用性。

封装是面向对象编程对客观世界的模拟。在客观世界中，很多对象的数据和行为的实现细节都是被隐藏起来的，仅对外提供访问隐藏信息的接口。例如，我们要操作电视，只需要在电视遥控器上按几个按钮就可以了，不需要知道具体的工作原理，实现的细节被封装在了电视遥控器中。

对一个类的良好封装可以隐藏类的实现细节，让访问者只能通过预设的方式来访问数据，从而避免对类成员的不合理的访问。良好的封装需要保证以下两点：把该隐藏的隐藏起来，也就是将需要保护的类成员隐藏起来，不允许外部直接访问；把该暴露的暴露出来，也就是将用于安全访问的类成员暴露出来，以确保可以对类的成员进行安全的访问和操作。这两点均需要通过 ArkTS 的访问控制来实现。

5.3.1 访问控制

ArkTS 为类的成员（包括字段、构造函数、属性和方法）提供了 3 种可见性修饰符：public、protected 和 private，分别对应不同的成员可见性。如果缺省了可见性修饰符，那么默认的可见性是 public。对应的访问控制级别为 3 级，如表 5-2 所示。

表 5-2 可见性修饰符

可见性修饰符 \ 访问控制级别	本类	子类	所有
private	○		
protected	○	○	
public	○	○	○

注：○表示允许访问。

使用 private 修饰的成员仅在类的定义内部可见，从类的外部无法访问。使用 protected 修饰的成员在本类以及本类的子类（见 5.4 节）中可见，超出这个范围则无法访问。使用 public 修饰的成员在所有范围都是可见的。

回到 PhysicalEducation 类，如果希望隐藏字段 examScore，那么我们可以为其添加修饰符 private，并且将字段名修改为“_examScore”，这样从类的外部就无法访问_examScore 了。在 private 成员的名称前添加一个下画线是一种常见的命名约定。这种约定不是语法上的强制要求，但它是一种广泛接受的实践，用于标记私有成员。接着，添加两个实例方法 getExamScore 和 setExamScore，分别用于在类的外部读取和修改_examScore 的值。在这两个实例方法中，我们可以添加一些验证的逻辑，以确保传入参数的合理性。修改后的 PhysicalEducation 类如代码清单 5-10 所示。

代码清单 5-10 PhysicalEducation.ets

```
01  export class PhysicalEducation {
02    readonly studentID: string;  // 学生学号
```

```
03     private _examScore: number;  // 考试得分
04
05     constructor(studentID: string, examScore: number) {
06        this.studentID = studentID;
07        this._examScore = examScore;
08     }
09
10     // 获取考试得分
11     getExamScore() {
12        return this._examScore;
13     }
14
15     // 修改考试得分
16     setExamScore(examScore: number) {
17        // 只有传入的参数合理时才能修改字段_examScore
18        if (examScore >= 0 && examScore <= 100) {
19           this._examScore = examScore;
20        } else {
21           console.log('对不起，参数错误无法修改！');
22        }
23     }
24
25     // 计算课程总评分
26     calculateTotalScore(): number {
27        return this._examScore;
28     }
29  }
```

提示 在 DevEco Studio 中对重复出现多次的标识符重命名时，可以先选中代码中需要重命名的标识符，然后按 Shift+F6 组合键，在弹出的窗口中输入新的标识符（单击"Refactor"按钮确认）。这种方式可以避免在代码中手动定位到每一处标识符并重命名，既方便快捷，又可以避免错误。

在函数 setExamScore 中，对传入的参数进行了检查，只有当传入的参数大于等于 0 且小于等于 100 时才可以将字段_examScore 修改为传入的数值。这样就确保了字段_examScore 不会被修改为任何异常的值。

然后，修改 Index.ets 中的函数 test，分别通过 PhysicalEducation 类的方法 getExamScore 和 setExamScore 来获取和修改分数值。修改后的函数 test 如代码清单 5-11 所示。

代码清单 5-11 Index.ets 中的 test 函数

```
01  function test() {
02     const physicalEducation = new PhysicalEducation('0011', 0);
03     // 错误，不可以直接访问_examScore （原 examScore）
04     console.log(`考试得分：${physicalEducation.examScore}`);
05
```

```
06     // 通过方法 getExamScore 读取 private 字段_examScore
07     console.log(`考试得分：${physicalEducation.getExamScore()}`);
08
09     // 通过方法 setExamScore 修改 private 字段_examScore
10     physicalEducation.setExamScore(-20);  // 参数错误，无法修改
11     physicalEducation.setExamScore(90);  // 修改成功
12     console.log(`考试得分：${physicalEducation.getExamScore()}`);
13 }
```

由于_examScore 变成了 private 成员，因此在函数 test 中无法访问_examScore，需要将直接访问_examScore 的代码删除掉（第 4 行）。

单击“运行”按钮，HiLog 窗口中输出的结果如下：

```
考试得分：0
对不起，参数错误无法修改！
考试得分：90
```

5.3.2 属性

对于 PhysicalEducation 类中的字段_examScore，我们使用 getExamScore 和 setExamScore 这两个实例方法来对其实现读写操作。ArkTS 提供了属性来对类似操作进行抽象和简化，使得在类的外部可以像直接读写非 private 字段一样读写 private 字段。当然，属性并不是 private 字段的专属，非 private 字段也可以拥有对应的属性。

接下来要做的是修改 PhysicalEducation 类，先删除实例方法 getExamScore 和 setExamScore，然后定义属性 examScore 的 getter 和 setter。修改后的代码如代码清单 5-12 所示。

代码清单 5-12 PhysicalEducation.ets

```
01 export class PhysicalEducation {
02     readonly studentID: string;  // 学生学号
03     private _examScore: number;  // 考试得分
04
05     constructor(studentID: string, examScore: number) {
06         this.studentID = studentID;
07         this._examScore = examScore;
08     }
09
10     // 获取考试得分
11     get examScore() {
12         return this._examScore;
13     }
14
15     // 修改考试得分
16     set examScore(value: number) {
17         // 只有传入的参数合理时才能修改字段_examScore
18         if (value >= 0 && value <= 100) {
```

```
19            this._examScore = value;
20        } else {
21            console.log('对不起，参数错误无法修改！');
22        }
23    }
24
25    // 计算课程总评分
26    calculateTotalScore(): number {
27        return this._examScore;
28    }
29 }
```

接着，在函数 test 中通过属性 examScore 来读取和修改 private 字段_examScore。修改后的函数 test 如代码清单 5-13 所示。

代码清单 5-13 Index.ets 中的 test 函数

```
30 function test() {
31    const physicalEducation = new PhysicalEducation('0011', 0);
32
33    // 通过属性 examScore 读取 private 字段_examScore
34    console.log(`考试得分：${physicalEducation.examScore}`);
35
36    // 通过属性 examScore 修改 private 字段_examScore
37    physicalEducation.examScore = -20;  // 参数错误，无法修改
38    physicalEducation.examScore = 90;  // 修改成功
39    console.log(`考试得分：${physicalEducation.examScore}`);
40 }
```

修改后的程序运行结果与上一小节中的程序运行结果是完全一样的。

在函数 test 中使用 physicalEducation.examScore 访问了属性 examScore，此时属性是作为表达式来使用的（第 34 行和第 39 行）。当属性作为表达式时，程序会自动调用属性的 getter（第 10～13 行）。属性 examScore 的 getter 会返回_examScore 的值，这样就可以通过属性 examScore 来读取 private 字段_examScore 的值。

通过属性的 setter 可以设置对应字段的值。在代码第 37 行和第 38 行分别直接对属性 examScore 进行了赋值。对属性 examScore 进行赋值时，程序会自动调用 examScore 的 setter（第 15～23 行）以修改 private 字段_examScore 的值。

在上面的例子中，我们在类的外部通过属性 examScore 对 private 字段_examScore 进行了读写操作，而外部对_examScore 毫无感知，实现了有效的封装。

属性的 getter 必须是无参的，且必须返回一个值。属性的 setter 有且只能有一个参数。属性的 getter 的返回类型以及 setter 的形参类型必须一致，该类型即为属性的类型。

属性的 getter 和 setter 可以拥有访问控制修饰符。对于同一个属性的 getter 和 setter，它们的访问控制级别可以不同。但是，不能为 getter 设置比 setter 更严格的访问级别。例如，如果

setter 的访问级别是 public，那么 getter 的访问级别也必须是 public，而不能是 private 或 protected，因为通常不会允许外部代码修改属性值却不允许读取它。

说明 访问级别的严格程度从高到低：private > protected > public。

属性的 getter 是必选的，setter 是可选的。在上面的例子中定义的属性 examScore 就同时包含了 getter 和 setter。

与字段和方法一样，属性也分为实例属性和静态属性。属性的使用方式和字段是一样的。

接下来，我们可以将字段 studentID 也改为 private 成员，将字段名修改为_studentID，并且为其添加相应的属性 studentID。修改后的 PhysicalEducation 类如代码清单 5-14 所示。

代码清单 5-14 PhysicalEducation.ets

```
01  export class PhysicalEducation {
02    private readonly _studentID: string;  // 学生学号
03    private _examScore: number;  // 考试得分
04
05    constructor(studentID: string, examScore: number) {
06      this._studentID = studentID;
07      this._examScore = examScore;
08    }
09
10    // 获取学生学号
11    get studentID() {
12      return this._studentID;
13    }
14
15    // 其他代码略
16  }
```

最后，在函数 test 中添加以下代码来通过属性 studentID 访问 private 字段_studentID：

```
// 通过属性 studentID 访问 private 字段_studentID
console.log(`学号：${physicalEducation.studentID}`);
```

5.4 继承

除了封装，继承也是面向对象编程的三大特征之一。通过继承，一个类（称为子类或派生类）能够继承另一个类（称为父类、基类或超类）的字段、属性和方法。

继承有如下两个主要特点。

- **代码复用**：子类自动拥有父类的字段、属性和方法，这减少了编写和维护相似代码的需求。
- **扩展性**：子类可以在继承父类的基础上添加新的成员，或者基于子类自身的需求修改继承来的行为，这样更容易建立更复杂的模型。

5.4.1 定义并继承父类

继续实现课务管理项目。现在已经有了一个 PhysicalEducation 类，其中主要包括两个实例字段_studentID 和_examScore（对应的还有两个实例属性 studentID 和 examScore），分别表示学生学号和考试得分，以及一个实例方法 calculateTotalScore，用于计算课程得分。

如果需要定义一个表示其他课程的类，那么该类的字段肯定也包括学生学号和考试得分，并且也需要计算课程得分。因此可以基于 PhysicalEducation 类抽象出一个 Course 类，作为所有课程的模板，然后就可以基于 Course 类继续创建表示其他课程的类了。

在目录 course 下新建一个 ArkTS 文件 Course.ets，在其中创建 Course 类，并使用关键字 export 将其导出，以便在其他 ets 文件中导入。程序代码如代码清单 5-15 所示。

代码清单 5-15 Course.ets

```
01  export class Course {
02     private readonly _studentID: string;  // 学生学号
03     private _examScore: number;  // 考试得分
04
05     constructor(studentID: string, examScore: number) {
06        this._studentID = studentID;
07        this._examScore = examScore;
08     }
09
10     // 获取学生学号
11     get studentID() {
12        return this._studentID;
13     }
14
15     // 获取考试得分
16     get examScore() {
17        return this._examScore;
18     }
19
20     // 修改考试得分
21     set examScore(value: number) {
22        // 只有传入的参数合理时才能修改字段_examScore
23        if (value >= 0 && value <= 100) {
24           this._examScore = value;
25        } else {
26           console.log('对不起，参数错误无法修改！');
27        }
28     }
29
30     // 计算课程总评分
31     calculateTotalScore(): number {
```

```
32        return this._examScore;
33    }
34 }
```

Course 类的代码和 PhysicalEducation 类是相同的。接下来，在 PhysicalEducation.ets 中使用关键字 import 导入 Course 类；然后修改 PhysicalEducation 类，使其继承 Course 类。修改后的 PhysicalEducation.ets 如代码清单 5-16 所示。

代码清单 5-16 PhysicalEducation.ets

```
01 import { Course } from './Course';
02
03 // PhysicalEducation 类继承了 Course 类
04 export class PhysicalEducation extends Course {
05    constructor(studentID: string, examScore: number) {
06       super(studentID, examScore);  // 通过 super 调用父类 Course 的构造函数
07    }
08 }
```

在 PhysicalEducation 类的定义处，我们用关键字 extends 指定了子类 PhysicalEducation 的父类为 Course 类（第 4 行）。

子类继承父类的语法格式如下：

```
class 子类 extends 父类 {}    // 在子类的定义处通过 extends 指定其继承的父类
```

子类会继承父类中除构造函数和 private 成员之外的所有成员。在本例中，子类 PhysicalEducation 会继承父类 Course 中的两个实例属性 studentId 和 examScore，以及实例方法 calculateTotalScore。

如果子类中没有定义构造函数，在创建子类的实例时系统会自动调用父类的构造函数。如果子类定义了构造函数，在子类的构造函数中，必须使用关键字 super 来调用父类的构造函数，语法格式如下：

```
super([参数列表]);
```

这一点是必须明确的，因为子类的构造函数必须等到父类的构造函数执行完毕后，才能访问关键字 this，即在子类中使用父类定义的成员之前，必须先调用父类的构造函数。这一规则确保了父类的初始化代码在子类的初始化逻辑之前执行，这样在子类中就可以安全地访问或修改从父类继承的成员了。在本例中，我们在子类的构造函数中就用关键字 super 来调用父类的构造函数（第 6 行）。

仔细观察 Course 类和 PhysicalEducation 类的代码可以发现，继承很好地实现了代码复用，减少了子类中的重复代码。子类继承父类之后，子类就可以直接复用父类的成员了。此时，不需要对 Index.ets 中的函数 test 作任何修改，程序仍然可以正常执行，且运行结果也是一样的。

子类在继承父类之后，会获得父类的所有成员（除构造函数和 private 成员），这样就无须在子类中重复定义这些继承来的成员了。同时，在子类中可以添加子类独有的、父类中没有的成员。在设计继承关系时，如果成员是子类和父类共有的，则应该定义在父类中；如果成员是

子类独有的，则应该定义在子类中。

1. 继承的规则

如果 Sub 类继承了 Base 类，那么 Base 类型是 Sub 类型的父类型，Sub 类型是 Base 类型的子类型。Base 类被称为 Sub 类的直接父类。ArkTS 只支持类的单继承，不支持类的多继承，因此一个类最多只能有一个直接父类。

尽管一个类最多只能有一个直接父类，但一个类却可能有多个间接父类。例如，如果 Sub 类的直接父类 Base 继承了 Base1 类，Base1 类继承了 Base2 类，那么，Base1 类和 Base2 类都是 Sub 类的间接父类。此时，Sub 类型也是 Base1 类型或 Base2 类型的子类型。

子类将继承所有父类（包括直接父类和间接父类）中除构造函数和 private 成员之外的所有成员。示例如下：

```
class ClassA {
    x: number = 1;
}

// ClassB 继承了 ClassA
class ClassB extends ClassA {
    y: number = 2;
}

// Sub 继承了 ClassB
class Sub extends ClassB {
    // 代码略
}
```

在以上示例代码中，Sub 类继承了 ClassB 类，ClassB 类继承了 ClassA 类，因此 Sub 类将继承 ClassA 类的字段 x 和 ClassB 类的字段 y。

2. Object 类型

如果我们定义了一个类而没有使用关键字 extends 来明确继承另一个类，那么这个类默认的直接父类是 Object。Object 类是继承树上最顶层的父类，它不继承任何类。

Object 类型是 ArkTS 中最广泛的类型。如果一个变量或常量声明为 Object 类型，那么它可以被赋予几乎任何类型的值（除了 null 和 undefined）。示例如下：

```
class Person {
    name: string = '';
    age: number = 0;
}

function test() {
    let obj: Object;
    obj = 18;  // 可以
    obj = 'abc';  // 可以
    obj = true;  // 可以
```

```
    obj = [1, 2, 3, 4];  // 可以
    obj = new Person();  // 可以，但不可以将对象字面量赋给 Object 类型的变量或常量
    obj = null;  // 编译错误
    obj = undefined;  // 编译错误
}
```

5.4.2 重写

有了 Course 类，我们再定义一个表示数学课的 Mathematics 类，存储在目录 course 下的 Mathematics.ets 中。与体育课不同的是，数学课的课程总评分是这样计算的：

```
课程总评分 = 出勤得分 × 出勤得分在总评分中的占比 + 考试得分 × 考试得分在总评分中的占比
```

其中，出勤得分和考试得分的取值都在 0 和 100 之间，两种得分在总评分中的占比之和为 100%，并且考试得分在总评分中的占比不得低于 50%。因此，需要为 Mathematics 类添加几个新成员。Mathematics 类如代码清单 5-17 所示。

代码清单 5-17 Mathematics.ets

```
01  import { Course } from './Course';
02
03  // Mathematics 类继承了 Course 类
04  export class Mathematics extends Course {
05    private _attendanceScore: number;  // 出勤得分
06    private _examRate: number;  // 考试得分占课程总评分的百分比的数值部分
07
08    constructor(studentID: string, examScore: number, attendanceScore: number,
09              examRate: number) {
10      // 通过 super 调用父类的构造函数对_studentID 和_examScore 完成初始化
11      super(studentID, examScore);
12      // 对_attendanceScore 和_examRate 进行初始化
13      this._attendanceScore = attendanceScore;
14      this._examRate = examRate;
15    }
16
17    get attendanceScore() {
18      return this._attendanceScore;
19    }
20
21    set attendanceScore(value: number) {
22      this._attendanceScore = value;
23    }
24
25    get examRate() {
26      return this._examRate;
27    }
28
```

```
29     set examRate(value: number) {
30        // 考试得分在课程得分中的占比不得低于 50%
31        if (value >= 50 && value <= 100) {
32           this._examRate = value;
33        } else {
34           console.log('对不起，你输入的比例有误，无法修改！');
35        }
36     }
37  }
```

Mathematics 类继承了 Course 类，并且添加了字段_attendanceScore 和_examRate，以及对应的属性 attendanceScore 和 examRate。其中，_attendanceScore 表示出勤得分，_examRate 表示考试得分占课程总评分的百分比的数值部分，例如，假设考试得分占总评分的 60%，则_examRate 为 60。在计算时可以使用_examRate / 100 将其换算为百分比数值，对应的出勤得分占比可以通过 100%减去考试得分占比得到。另外，在 Mathematics 类的构造函数中，我们可以对_attendanceScore 和_examRate 的数据合理性进行验证，以确保传入的参数是合理的。

修改 Index.ets，检查各个类的工作是否正常。修改后的 Index.ets 如代码清单 5-18 所示。

代码清单 5-18 Index.ets

```
01  import { PhysicalEducation } from '../course/PhysicalEducation';
02  import { Mathematics } from '../course/Mathematics';
03
04  // 其他代码略
05
06  function test() {
07     // PhysicalEducation 对象
08     const physicalEducation = new PhysicalEducation('0011', 90);
09     console.log('体育：');
10     console.log(`\t 学号：${physicalEducation.studentID}`);
11     console.log(`\t 考试得分：${physicalEducation.examScore}`);
12     console.log(`\t 课程得分：${physicalEducation.calculateTotalScore()}`);
13
14     // Mathematics 对象
15     let mathematics = new Mathematics('0011', 85, 90, 60);
16     console.log('数学：');
17     console.log(`\t 学号：${mathematics.studentID}`);
18     console.log(`\t 考试得分：${mathematics.examScore}`);
19     console.log(`\t 课程得分：${mathematics.calculateTotalScore()}`);
20  }
```

单击“运行”按钮，HiLog 窗口中输出的结果如下：

```
体育：
        学号：0011
        考试得分：90
        课程得分：90
```

```
数学：
        学号：0011
        考试得分：85
        课程得分：85
```

以上计算结果中的数学课的课程得分是错误的。这是因为 Mathematics 类继承了 Course 类的方法 calculateTotalScore，而 Course 类中的 calculateTotalScore 在计算时直接将考试得分作为了课程得分，与数学课的课程得分计算方法不同。

如果父类成员的实现方式不适用于子类，则在子类中可以重新实现父类成员，做出与子类需求匹配的针对性修改。在子类中对父类成员的重新实现被称为**重写**（override）。因此，子类成员可以由三部分组成，包括继承自父类的成员、添加的子类独有成员以及重写的父类成员。

重写的前提是子类继承了父类的成员。由于子类没有继承父类的构造函数和 private 成员，因此，子类无法重写父类的构造函数和 private 成员。

回到课务管理项目，在 Course 类中有一个实例方法 calculateTotalScore，用于计算课程总评分。该函数直接将考试得分返回并作为课程总评分。这个计算方式只适用于体育课，而不适用于数学课。因此，我们需要在 Mathematics 类中对方法 calculateTotalScore 进行重写。

在子类中对继承的成员进行重写时，我们可以在前面加上关键字 override，也可以省略 override，建议不要省略。关键字 override 不仅可以提高代码的可读性，还可以让编译器帮助检查代码，确保重写了父类中实际存在的成员。如果在重写的成员前面加了 override 而父类中没有对应的成员，编译器将报错。

在 Mathematics 类的末尾重写方法 calculateTotalScore。修改后的 Mathematics 类如代码清单 5-19 所示。

代码清单 5-19 Mathematics.ets 中的 Mathematics 类

```
01  export class Mathematics extends Course {
02     // 其他代码略
03
04     // 重写父类的方法
05     override calculateTotalScore(): number {
06        // 课程总评分由出勤得分和考试得分两部分构成
07        const score1 = this.attendanceScore * (100 - this.examRate) / 100;
08        const score2 = (this.examScore * this.examRate) / 100;
09        return score1 + score2;
10     }
11  }
```

单击“运行”按钮，HiLog 窗口中输出的结果如下：

```
体育：
        学号：0011
        考试得分：90
        课程得分：90
```

```
数学：
    学号：0011
    考试得分：85
    课程得分：87
```

重写之后，数学课的课程得分计算结果是正确的，说明重写的代码起作用了。

我们可以在子类中使用 super 访问父类中被重写的属性或方法。示例如下：

```
class Parent {
    private _field = "Parent's field";

    get field() {
        return this._field;
    }

    method() {
        console.log("Parent's method");
    }
}

class Child extends Parent {
    override get field() {
        console.log(super.field);  // 使用 super 访问父类中被重写的属性
        return 'Child's field';
    }

    override method() {
        super.method();  // 使用 super 访问父类中被重写的方法
        console.log('Child's method');
    }
}
```

在子类中重写父类中的属性或方法时，需要同时满足的条件如下。

- 属性名或方法名保持不变。
- 形参类型列表中对应的形参类型要么保持不变，要么与原类型兼容。
- 返回类型要么保持不变，要么与原类型兼容。
- 访问控制权限不能更严格，要么保持不变，要么更宽松。例如，如果父类标记为 public，那么子类不能标记为 private 或 protected。

示例如下：

```
class Base {
    protected method(p1: number, p2: Base): Base {
        return new Base();
    }
}
```

```
class Sub extends Base {
    public override method(p3: number, p4: Sub): Sub {
        return new Sub();
    }
}
```

在以上示例程序中，子类 Sub 重写了父类的方法 method。重写后与重写前相比，方法名 method 保持不变，第 1 个参数的类型保持不变。不过，重写后的第 2 个参数的类型 Sub 是重写前参数类型 Base 的子类型，重写后的返回类型 Sub 是重写前返回类型 Base 的子类型，并且重写后的访问控制权限由 protected 扩大为了 public。因为子类型一定兼容父类型，而父类型不一定兼容子类型，所以在本例中，我们可以将参数类型和返回类型的 Base 类型替换为 Sub 类型。

5.4.3 使用组合实现代码复用

继承是实现代码复用的重要手段，但是继承会导致父类和子类之间的耦合度较高，当父类发生改变时，可能会影响到子类的行为，这使得子类缺乏独立性，并且导致子类不容易维护。

除了继承之外，组合也是实现代码复用的重要手段。通过组合，一个类可以将其他类的对象作为字段，实现代码复用。组合可以降低类之间的耦合度，使用起来更加灵活。继承表达的是一种“父类——子类”的关系，类似于老虎（子类）是动物（父类）中的一种；组合表达的是一种“整体——部分”的关系，类似于屏幕（部分）是手机（整体）的一部分。

继续修改课务管理项目，在课程中加入授课教师的相关信息，并使用组合来实现代码复用。首先在目录 course 下新建一个 ArkTS 文件 FullTimeTeacher.ets，在其中定义表示全职教师的 FullTimeTeacher 类，其中，方法 printInfo 用于输出授课教师的授课时间信息，如代码清单 5-20 所示。

代码清单 5-20　FullTimeTeacher.ets

```
01  export class FullTimeTeacher {
02     printInfo() {
03        console.log('全职教师 授课时间：工作日 全天');
04     }
05  }
```

接下来要做的是，在 PhysicalEducation 类中定义一个 FullTimeTeacher 类型的 private 实例字段_teacher，并添加一个实例方法 printTeacherInfo，用于输出授课教师的相关信息。修改后的 PhysicalEducation.ets 如代码清单 5-21 所示。

代码清单 5-21　PhysicalEducation.ets

```
01  import { Course } from './Course';
02  import { FullTimeTeacher } from './FullTimeTeacher';
03
04  // PhysicalEducation 类继承了 Course 类
05  export class PhysicalEducation extends Course {
```

```
06    private _teacher = new FullTimeTeacher();  // 授课教师
07
08    constructor(studentID: string, examScore: number) {
09       super(studentID, examScore);  // 通过 super 调用父类 Course 的构造函数
10    }
11
12    printTeacherInfo() {
13       this._teacher.printInfo();
14    }
15 }
```

在 PhysicalEducation 类中，我们在添加字段_teacher 的同时使用一个 FullTimeTeacher 对象对其进行了初始化（第 6 行）。因为创建 FullTimeTeacher 对象不需要提供任何参数，所以在创建 PhysicalEducation 对象时，没有必要从外部传入实参来对字段_teacher 进行初始化，因而也不需要修改 PhysicalEducation 类的构造函数。

我们继续对 Mathematics 类作相同的修改。修改后的 Mathematics 类如代码清单 5-22 所示。

代码清单 5-22 Mathematics.ets

```
01 import { Course } from './Course';
02 import { FullTimeTeacher } from './FullTimeTeacher';
03
04 // Mathematics 类继承了 Course 类
05 export class Mathematics extends Course {
06    private _attendanceScore: number;  // 出勤得分
07    private _examRate: number;  // 考试得分占课程总评分的百分比的数值部分
08    private _teacher = new FullTimeTeacher();  // 授课教师
09
10    // 无关代码略
11
12    printTeacherInfo() {
13       this._teacher.printInfo();
14    }
15 }
```

最后，修改 Index.ets 中的函数 test 以获取授课教师的相关信息。修改后的 test 函数如代码清单 5-23 所示。

代码清单 5-23 Index.ets 中的 test 函数

```
01 function test() {
02    // PhysicalEducation 对象
03    const physicalEducation = new PhysicalEducation('0011', 90);
04    console.log('physicalEducation 的授课教师信息：');
05    physicalEducation.printTeacherInfo();
06
07    // Mathematics 对象
08    let mathematics = new Mathematics('0011', 85, 90, 60);
```

```
09     console.log('mathematics 的授课教师信息: ');
10     mathematics.printTeacherInfo();
11 }
```

在函数 test 中，如果使用 physicalEducation 调用 PhysicalEducation 类的实例方法 printTeacherInfo，则会通过 PhysicalEducation 类的字段_teacher 调用 FullTimeTeacher 类的实例方法 printInfo。同理，通过 mathematics 调用 Mathematics 类的实例方法 printTeacherInfo 也是一样的。

单击“运行”按钮，HiLog 窗口中输出的结果如下：

```
physicalEducation 的授课教师信息:
全职教师 授课时间: 工作日 全天
mathematics 的授课教师信息:
全职教师 授课时间: 工作日 全天
```

这样，我们就用组合实现了在 PhysicalEducation 类和 Mathematics 类中对 FullTimeTeacher 类的代码的复用。每个 PhysicalEducation 对象和 Mathematics 对象都有自己的 FullTimeTeacher 实例，这意味着 PhysicalEducation 和 Mathematics 的行为可以通过改变组成部分 FullTimeTeacher 的实现来改变，而不需要改变 PhysicalEducation 和 Mathematics 类本身。这提供了很好的灵活性和可维护性。

使用组合还有其他优势，例如它支持更松散的耦合，使得代码的各个部分更加独立，从而更容易理解、测试和维护。同时，它也避免了继承可能带来的一些问题，如过度的类层次结构等。

5.5 多态

多态是面向对象编程的三大特征中的最后一个。所谓多态，指的是同一个引用类型的变量或常量在访问同一个实例成员时呈现出不同的行为。多态是继承、重写和接口（见 5.7 节）的自然结果，可以提高代码的可扩展性和灵活性。

5.5.1 将子类对象赋给父类类型的变量或常量

子类是特殊的父类。例如，在课务管理项目中，Mathematics 可以被看作特殊的 Course，对于子类 Mathematics 的某个对象，既可以说该对象的类型是 Mathematics，也可以说该对象的类型是 Course。因此，可以直接将子类的对象赋给父类类型的变量或常量（反之不行）。

修改 Index.ets 中的函数 test，声明几个不同的引用类型的常量。修改后的 Index.ets 如代码清单 5-24 所示。

代码清单 5-24 Index.ets

```
01 import { Course } from '../course/Course';
02
03 // 其他代码略
04
```

```
05  function test() {
06      // 将Course对象的引用赋给Course类型的常量course1
07      const course1: Course = new Course('0011', 70);
08      console.log(`课程得分：${course1.calculateTotalScore()}`);
09
10      // 将Mathematics对象的引用赋给Mathematics类型的常量course2
11      const course2: Mathematics = new Mathematics('0012', 70, 80, 50);
12      console.log(`课程得分：${course2.calculateTotalScore()}`);
13
14      // 将Mathematics对象的引用赋给Course类型的常量course3
15      const course3: Course = new Mathematics('0013', 90, 100, 60);
16      console.log(`课程得分：${course3.calculateTotalScore()}`);
17  }
```

单击“运行”按钮，HiLog窗口中输出的结果如下：

```
课程得分：70
课程得分：75
课程得分：94
```

引用类型的变量或常量有两个类型：编译时类型和运行时类型。如果在声明时显式指明了类型，那么变量或常量的编译时类型就是声明的类型；如果在声明时缺省了类型，那么变量或常量的编译时类型就是编译器推断的类型。引用类型变量或常量的运行时类型由实际赋给它的实例的类型决定。

在代码清单5-24中，我们声明了3个引用类型的常量，即course1、course2和course3。

course1的编译时类型是Course，运行时类型也是Course。course1的编译时类型和运行时类型是一致的。因此，用course1调用函数calculateTotalScore时，调用的总是Course中的实例方法calculateTotalScore。

course2的编译时类型是Mathematics，运行时类型也是Mathematics。与course1一样，course2的编译时类型和运行时类型也是一致的。因此，使用course2调用函数calculateTotalScore时，调用的总是Mathematics中重写的实例成员方法calculateTotalScore。

对于course3，其编译时类型为Course，而运行时类型为Mathematics。因此使用course3调用实例方法calculateTotalScore时，调用的实际是子类中重写的实例方法calculateTotalScore，而不是父类中的实例方法calculateTotalScore，这就构成了多态。

5.5.2 通过继承实现多态

在面向对象编程中，多态可以通过继承来实现：当子类继承了父类并重写了父类中的实例成员时，如果将子类对象赋给父类类型的变量或常量，那么使用该变量或常量访问被重写的实例成员时，访问的将是子类中的实例成员，而不是父类中的实例成员，这样就构成了多态。

我们继续完善课务管理项目，对Index.ets中的函数test作一些修改。修改后的函数test如代码清单5-25所示。

代码清单 5-25 Index.ets 中的 test 函数

```
01  function test() {
02     let course: Course = new Course('0011', 70);
03     console.log(`Course(\"0011\", 70): `);
04     console.log(`\t 考试得分：${course.examScore}`);
05     console.log(`\t 课程得分：${course.calculateTotalScore()}`);
06
07     course = new PhysicalEducation('0012', 80);
08     console.log(`\nPhysicalEducation(\"0012\", 80): `);
09     console.log(`\t 考试得分：${course.examScore}`);
10     console.log(`\t 课程得分：${course.calculateTotalScore()}`);
11
12     course = new Mathematics('0013', 90, 100, 60);
13     console.log(`\nMathematics(\"0013\", 90, 100, 60): `);
14     console.log(`\t 考试得分：${course.examScore}`);
15     console.log(`\t 课程得分：${course.calculateTotalScore()}`);
16  }
```

单击“运行”按钮，HiLog 窗口中输出的结果如下：

```
Course("0011", 70):
        考试得分：70
        课程得分：70

PhysicalEducation("0012", 80):
        考试得分：80
        课程得分：80

Mathematics("0013", 90, 100, 60):
        考试得分：90
        课程得分：94
```

在程序中，我们先声明了一个 Course 类型的变量 course，其初始值为 Course 类型的对象（第 2 行）。当通过 course 调用实例方法 calculateTotalScore 时，调用的是父类中的 calculateTotalScore，而父类中的 calculateTotalScore 代码如下：

```
calculateTotalScore(): number {
   return this._examScore;
}
```

由此计算出的课程得分为 70。

然后，修改变量 course，将一个 PhysicalEducation 对象赋给 course（第 7 行），再使用 course 调用 calculateTotalScore（第 10 行）。由于在子类 PhysicalEducation 中没有重写方法 calculateTotalScore，因此这次调用的仍是父类 Course 中的方法 calculateTotalScore，计算出的课程得分为 80。

最后将一个 Mathematics 对象赋给变量 course（第 12 行）。在子类 Mathematics 中，重写了方法 calculateTotalScore，代码如下：

```
    override calculateTotalScore(): number {
        // 课程总评分由出勤得分和考试得分两部分构成
        const score1 = this.attendanceScore * (100 - this.examRate) / 100;
        const score2 = (this.examScore * this.examRate) / 100;
        return score1 + score2;
    }
```

当使用course调用方法calculateTotalScore时，调用的是子类Mathematics中的calculateTotalScore，计算出的课程得分为94。

当把子类类型的对象赋给父类类型的变量或常量，并通过该变量或常量访问实例成员时，在程序运行过程中，系统会进行动态派发：如果子类重写了父类中的实例成员，就会派发子类中重写后的实例成员，否则，会派发父类中的实例成员。因此，多态是通过动态派发技术实现的。

在以上示例中，全都使用 Course 类型的变量 course 来调用实例方法 calculateTotalScore，从而利用多态统一了方法的调用方式。因此，我们可以继续修改程序，在 Index.ets 中定义一个全局函数 calculateScoreByCourse，该函数的形参是父类类型 Course。然后就可以传递 Course 类的任何子类对象给这个函数作为参数。这样，就可以使用统一的方式处理所有的子类对象，从而增加了代码的复用性和灵活性。修改后的 Index.ets 如代码清单 5-26 所示。

代码清单 5-26　Index.ets

```
01 // 其他代码略
02
03 function calculateScoreByCourse(course: Course) {
04     console.log(`考试得分：${course.examScore}`);
05     console.log(`课程得分：${course.calculateTotalScore()}`);
06 }
07
08 function test() {
09     calculateScoreByCourse(new Course('0011', 70));
10     calculateScoreByCourse(new PhysicalEducation('0012', 80));
11     calculateScoreByCourse(new Mathematics('0013', 90, 100, 60));
12 }
```

单击“运行”按钮，HiLog 窗口中输出的结果如下：

```
考试得分：70
课程得分：70
考试得分：80
课程得分：80
考试得分：90
课程得分：94
```

5.5.3 使用 as 操作符进行类型转换

当我们将子类类型的对象赋给父类类型的变量或常量时，通过这个变量或常量可以访问父类的成员。那么，通过这个变量或常量可以访问子类独有而父类中没有的成员吗？

请看以下代码：

```
// 父类 Base
class Base {
    method1() {
        console.log('Base: method1');
    }
}

// 子类 Sub
class Sub extends Base {
    override method1() {
        console.log('Sub: method1');
    }

    method2() {
        console.log('Sub: method2');
    }
}

function test() {
    const obj: Base = new Sub();  // 将子类类型的对象赋给父类类型的常量
    obj.method1();
}
```

在以上代码中，我们定义了一个父类 Base 和一个子类 Sub。父类 Base 中有一个实例方法 method1，在子类中重写了父类中的实例方法 method1，并且添加了一个实例方法 method2。在函数 test 中，我们定义了一个 Base 类型的常量 obj，并且将一个 Sub 对象赋给了 obj 作为其初始值，接着通过 obj 调用了实例方法 method1。

考察一下实例方法 method1 被调用的过程：在编译时，编译器根据常量 obj 的编译时类型 Base，确定了 Base 类型包含实例方法 method1，因此编译通过；在运行时，根据常量 obj 的运行时类型 Sub，确定了要调用的是子类 Sub 中的实例方法 method1，因此最终输出的结果为：

```
Sub: method1
```

这就是所谓的动态派发。

如果将 obj.method1 修改为 obj.method2，则会引发编译错误：

```
obj.method2();  // 编译错误，method2 不是 Base 类的成员
```

这是因为在调用实例方法 method2 时，常量 obj 的编译时类型为 Base，而 Base 中却没有实例方法 method2，所以导致了编译错误。

在将子类类型的对象赋给父类类型的变量或常量时，该变量或常量不能直接访问子类独有的成员。如果一定要通过 obj 去访问子类 Sub 中独有的成员，必须使用 as 操作符将 obj 转换为

Sub 类型。as 操作符允许我们将一个变量或常量转换为更具体的类型，以便访问该类型特有的成员。

在上面的示例代码中，如果要通过 obj 调用实例方法 method2，可以对函数 test 作如下修改。

```
function test() {
    const obj: Base = new Sub();
    (obj as Sub).method2();  // 使用 as 操作符将 obj 转换为 Sub 类型
}
```

单击“运行”按钮，HiLog 窗口中输出的结果如下：

```
Sub: method2
```

以上代码通过 as 操作符将父类类型的 obj 转换为 Sub 类型。在编译时，编译器根据“obj as Sub”确定了 obj 的编译时类型为 Sub，而 Sub 类型包含实例方法 method2，因此编译通过；在运行时，根据 obj 的运行时类型（obj 所引用对象的实际类型 Sub），确定了要调用的是子类 Sub 中的实例方法 method2。

在使用 as 操作符进行类型转换时，要求左操作数的运行时类型是右操作数类型的子类型，否则，会导致错误。为了保证类型转换是安全的，可以结合使用 instanceof 操作符进行类型检查，以确保左操作数在运行时引用的对象是右操作数类型的实例。例如，对函数 test 作如下修改：

```
function test() {
    const obj: Base = new Sub();
    if (obj instanceof Sub) {  // 使用 instanceof 操作符进行类型检查
        (obj as Sub).method2();
    } else {
        console.log('obj 的运行时类型不是 Sub 类型的子类型');
    }
}
```

如果 obj 的运行时类型是 Sub 的子类型，则将 obj 转换为 Sub 类型，然后调用实例方法 method2；否则，输出“obj 的运行时类型不是 Sub 类型的子类型”。

5.6 抽象类

在设计一个类时，我们可能知道该类应该包含某些方法或属性，但无法预先知道如何实现这些方法或属性。使用*抽象类*可以很好地解决这个问题。ArkTS 允许在抽象类中定义*抽象方法*和*抽象属性*，它们可以**只有签名，没有具体实现**。当子类继承了抽象父类之后，我们再根据子类的需求来实现抽象方法和抽象属性。

5.6.1 抽象类及其成员

通过观察课务管理项目中父类 Course 和两个子类中的方法 calculateTotalScore，我们就会发现两个子类对课程得分的计算方法是不同的，而父类 Course 中的计算方法和子类 PhysicalEducation 是一致的。这时，我们可以考虑在父类中只提供方法 calculateTotalScore 的签名，而不提供具体实现，将 Course 类改造为一个抽象类。

改造后的 Course 类如代码清单 5-27 所示，其中略去了没有改动的代码。

代码清单 5-27 Course.ets 中的 Course 类

```
01  export abstract class Course {
02     // 无关代码略
03
04     // 计算课程总评分
05     abstract calculateTotalScore(): number;
06  }
```

对 Course 类的改动有两处：在关键字 class 的前面加上了修饰符 abstract；在方法 calculateTotalScore 的前面加上了修饰符 abstract，并且删除了方法体（包括一对花括号），只保留了方法的签名。

在定义时，以关键字 abstract 修饰的类是抽象类。在 Course 类前面加上修饰符 abstract 之后，Course 类就变为抽象类。在抽象类中**只有签名而没有提供实现的实例方法**即为抽象方法，如 Course 类中的方法 calculateTotalScore。

接下来，在 PhysicalEducation 类中实现抽象方法 calculateTotalScore。在子类中实现抽象方法时，关键字 override 是可选的。修改后的 PhysicalEducation 类如代码清单 5-28 所示。

代码清单 5-28 PhysicalEducation.ets 中的 PhysicalEducation 类

```
01  export class PhysicalEducation extends Course {
02     // 其他代码略
03
04     // 实现父类的抽象方法
05     calculateTotalScore(): number {
06        return this.examScore;
07     }
08  }
```

然后，修改 Mathematics 类中的方法 calculateTotalScore，主要修改了方法的注释并删除了关键字 override，如下所示：

```
// 实现父类的抽象方法
override calculateTotalScore(): number {
   // 代码略
}
```

这样，两个子类 PhysicalEducation 和 Mathematics 中都实现了父类的抽象方法 calculateTotalScore。**当一个类变为抽象类之后，我们就不能再对其实例化了**，因此以下代码是错误的。

```
const course = new Course('0011', 70);  // 错误，不能将抽象类实例化
```

1. 抽象类的定义和成员

只要一个类的定义前面加上了修饰符 abstract，该类即变为一个抽象类。如果一个类包含抽象成员，那么该类必须使用 abstract 修饰。

提示 包含抽象成员的类一定是抽象类，而抽象类却不一定包含抽象成员。

如果一个类是抽象类，这个类就不能被实例化了，其主要意义在于作为父类被子类继承。

抽象类可以包括的成员如下。

- 字段，包括实例字段和静态字段。
- 构造函数。
- 完全实现的方法，包括实例方法和静态方法。
- 完全实现的属性，包括实例属性和静态属性。
- 抽象字段，即只有声明而没有提供初始值的实例字段。
- 抽象方法，即只有签名而没有提供实现的实例方法。
- 抽象属性，即只有签名而没有提供实现的实例属性。

抽象类的抽象成员都必须使用关键字 abstract 修饰。

因为抽象类不能被实例化，所以抽象类的构造函数只能用于被子类调用。

2. 抽象方法

抽象方法用来描述方法具有什么功能，却不提供具体的实现，因此抽象方法只有签名而没有方法体。抽象方法与空方法体的方法是不同的。空方法体的方法是已经被实现的方法，只是其实现为空，即方法内部没有任何代码。例如，我们可以定义一个抽象类来表示一个基本的 UI 组件。这个抽象类包含一个抽象方法 render，用于定义组件如何渲染自己，以及一个具有空方法体的方法 init，用于初始化组件，但默认不执行任何操作。子类可以根据需要重写 init 方法来提供具体的初始化逻辑。代码如下：

```
abstract class UIComponent {
    // 抽象方法，子类必须实现此方法来定义如何渲染组件
    abstract render(): void;

    // 空方法体的方法，子类可以选择性重写此方法以提供初始化逻辑
    init(): void {
        // 默认为空，不做任何事情
    }
}

class RadioButton extends UIComponent {
    // 实现抽象方法，提供渲染逻辑
    render(): void {
        console.log('渲染 RadioButton');
    }
```

```
    // 重写 init 方法，提供初始化逻辑
    override init(): void {
        console.log('初始化 RadioButton');
    }
}

class TextField extends UIComponent {
    // 实现抽象方法，提供渲染逻辑
    render(): void {
        console.log('渲染 TextField');
    }

    // 如果不需要特别的初始化逻辑，可以不重写 init 方法
}

function test() {
    const radioButton = new RadioButton();
    radioButton.render();  // 输出：渲染 RadioButton
    radioButton.init();  // 输出：初始化 RadioButton

    const textField = new TextField();
    textField.render();  // 输出：渲染 TextField
    textField.init();  // 默认实现，不输出任何内容
}
```

在以上示例中，UIComponent 类是一个抽象类，它定义了所有 UI 组件都应该具备的基本行为，即如何渲染自己（通过 render 方法）和如何初始化（通过 init 方法）。RadioButton 类和 TextField 类继承自 UIComponent 类，并且必须实现 render 方法来定义它们自己的渲染逻辑。RadioButton 类还重写了 init 方法来提供初始化逻辑，而 TextField 类则使用了 init 方法的默认实现（不执行任何操作）。这个设计允许不同的 UI 组件有不同的渲染和初始化行为，同时还保持了一定的结构和一致性。

子类实现抽象父类中的抽象方法，与子类重写父类中的非抽象方法的规则相同，需要同时满足以下几个条件。

- 方法名保持不变。
- 形参类型列表中对应的形参类型要么保持不变，要么与原类型兼容。
- 返回类型要么保持不变，要么与原类型兼容。
- 访问控制权限不能更严格，要么保持不变，要么更宽松。

3. 抽象属性

类似于抽象方法，在抽象类中可以提供只有签名而没有实现的抽象属性。抽象属性只能是实例属性，不能是静态属性。

下面的示例展示了如何定义和实现一个带有抽象属性的抽象类。

```
abstract class Person {
    abstract name: string;
}

class Student extends Person {
    private _name: string;

    constructor(name: string) {
        super();
        this._name = name;
    }

    get name(): string {
        return this._name;
    }

    set name(value: string) {
        this._name = value;
    }
}

function test() {
    const student = new Student('Alice');
    student.name = 'Mary';
    console.log(student.name);  // 输出: Mary
}
```

在抽象类 Person 中定义了一个抽象属性 name，其形式如下：

```
abstract class Person {
    abstract name: string;
}
```

虽然以上对抽象属性 name 的声明看起来像是对字段的声明，但它其实是 getter/setter 的便捷写法。以上定义和下面的定义是等价的：

```
abstract class Person {
    abstract get name(): string;  // 必选
    abstract set name(value: string);  // 可选
}
```

Student 类继承了 Person 类，并实现了抽象属性 name，提供了对私有字段_name 的读写访问。

在 Student 类中实现属性 name 时，可以同时提供 getter 和 setter 的实现（如示例代码所示），也可以只提供 getter 的实现。如果同时提供了 getter 和 setter 的实现，则可以对属性进行读写操作；如果只提供了 getter 的实现，那么属性就是只读的。

子类实现抽象父类中的抽象属性，与子类重写父类中的非抽象属性的规则相同，需要同时满足以下几个条件。

- 属性名保持不变。
- 属性类型要么保持不变，要么与原类型兼容。
- 访问控制权限不能更严格，要么保持不变，要么更宽松。

4. 抽象类的继承规则

抽象类是从多个具体类中抽象出来的父类，具有较高层次的抽象。从多个具有相同功能的类中抽象出的抽象类，可以作为子类的通用模板，一方面可以对子类的通用功能作一定的限制，使得子类大体上保留父类的行为方式，另一方面子类可以在此模板的基础上进行填充和扩展。

抽象类不能被实例化。抽象类只有被子类继承才有意义，抽象成员只有被子类实现才有意义。

如果子类没有实现父类中所有的抽象成员，那么子类也必须定义为抽象类。示例如下：

```
abstract class Shape {
    abstract draw(): void;

    abstract calculateArea(): number;
}

abstract class Circle extends Shape {
    private _radius: number;

    constructor(radius: number) {
        super();
        this._radius = radius;
    }

    get radius() {
        return this._radius;
    }

    // 实现了 Shape 的 calculateArea 方法
    calculateArea(): number {
        return Math.PI * this.radius * this.radius;
    }

    // draw 方法没有在 Circle 中实现，所以 Circle 必须被声明为抽象类
}

class DetailedCircle extends Circle {
    // 实现了 Circle 类未实现的抽象方法
    draw(): void {
        console.log(`画了一个半径为${this.radius}的圆`);
    }
}
```

```
function test() {
    // const myShape = new Shape();  // 错误：不能实例化抽象类
    // const myCircle = new Circle(5);  // 错误：不能实例化抽象类
    const myDetailedCircle = new DetailedCircle(5);
    myDetailedCircle.draw();
    console.log(myDetailedCircle.calculateArea().toString());
}
```

在以上示例中，Shape 是一个包含两个抽象方法的抽象父类。Circle 类继承了 Shape 类并只实现了方法 calculateArea。因为 Circle 没有实现所有抽象方法，它也被声明为了抽象类。最后，DetailedCircle 类继承自 Circle，并实现了所有未实现的抽象方法。由于 DetailedCircle 不是抽象类，因此它可以被实例化。

5.6.2 通过抽象方法和抽象类实现多态

回到课务管理项目，对 Index.ets 作一些修改，修改后的 Index.ets 如代码清单 5-29 所示。

代码清单 5-29 Index.ets 中的 calculateScoreByCourse 函数和 test 函数

```
01  function calculateScoreByCourse(course: Course) {
02     console.log(`考试得分：${course.examScore}`);
03     console.log(`课程得分：${course.calculateTotalScore()}`);
04  }
05
06  function test() {
07     calculateScoreByCourse(new Course('0011', 70));  // 删除了该行代码
08     calculateScoreByCourse(new PhysicalEducation('0012', 80));
09     calculateScoreByCourse(new Mathematics('0013', 90, 100, 60));
10  }
```

单击“运行”按钮，HiLog 窗口中输出的结果如下：

```
考试得分：80
课程得分：80
考试得分：90
课程得分：94
```

因为 Course 类是一个抽象类，所以不能对 Course 类进行实例化。因此，需要删除函数 test 中对 Course 类进行实例化的相关代码（第 7 行）。

函数 calculateScoreByCourse 的形参类型为 Course。虽然不能对 Course 类进行实例化，但是可以将 Course 类的子类对象作为实参传给 Course 类型的形参。

在函数 test 中，分别通过 PhysicalEducation('0012', 80)和 Mathematics('0013', 90, 100, 60)创建了 Course 类的两个子类对象，并将它们作为实参调用了函数 calculateScoreByCourse（第 8、9 行）。

经过以上改造，我们得到了一个抽象类 Course，并利用抽象类中的抽象方法 calculateTotalScore

实现了多态，使得 Course 类型的变量 course（函数 calculateScoreByCourse 的形参）在调用同一个方法 calculateTotalScore 时呈现了不同的行为。

5.7 接口

如前所述，抽象类具备一定的抽象能力。但是，从抽象的层次来说，抽象类还只是一个半成品，因为它还可以提供部分实现。如果将抽象进行得更彻底，就可以得到**接口**。接口中的所有成员都可以是抽象的（没有提供任何实现）。

5.7.1 定义接口

定义接口的语法格式如下：

```
interface 接口名 {
    定义体      // 可以包含字段、属性和方法
}
```

接口使用关键字 interface 定义，其定义的格式同 class 类型类似。关键字 interface 之后是接口名，接口名必须是合法的标识符，建议使用**大驼峰命名风格**来命名。接口名之后是以一对花括号括起来的定义体，定义体中可以定义一系列的字段、属性和方法。需要注意的是，接口中不能包含构造函数。

接口成员的声明方式和抽象类的抽象成员的声明方式类似，区别在于接口中的所有成员默认都是抽象的，因此不能使用 abstract 进行修饰。接口中的所有成员默认都是 public 的，因此不能使用任何访问控制修饰符进行修饰。

让我们继续课务管理项目，在其中添加一门课程。在目录 course 下新建一个 ArkTS 文件 CareerPlanning.ets，在其中定义一个用于表示职业生涯规划课的 CareerPlanning 类。这个类的大部分代码和 PhysicalEducation 类是相同的，只是没有与授课教师相关的成员。因为职业生涯规划课采取的是邀请不同的专家教授以专题讲座的形式来授课，所以 CareerPlanning 类不需要授课教师的相关成员。CareerPlanning.ets 的代码如代码清单 5-30 所示。

代码清单 5-30 CareerPlanning.ets

```
01  import { Course } from './Course';
02
03  // CareerPlanning 类继承了 Course 类
04  export class CareerPlanning extends Course {
05    constructor(studentID: string, examScore: number) {
06      super(studentID, examScore);
07    }
08
09    // 实现父类的抽象方法
10    calculateTotalScore(): number {
11      return this.examScore;
```

```
12     }
13 }
```

假设我们需要对课程得分进行等级划分，规则如下所示。

- 不对体育课的课程得分进行等级划分。
- 将数学课的课程得分划分为 4 个等级：不及格（0～59 分）、及格（60～79 分）、良好（80～89 分）、优秀（90～100 分）。
- 将职业生涯规划课的课程得分划分为两个等级：不合格（0～59 分）和合格（60～100 分）。

如果定义一个名为 calculateGrade 的方法，用于对课程得分进行等级划分，那么这个方法定义在哪里比较好呢？如果在父类 Course 中定义一个抽象方法 calculateGrade，那么不需要划分等级的 PhysicalEducation 类也必须实现这个方法。如果在子类 Mathematics 和 CareerPlanning 中分别定义一个实例方法 calculateGrade，那么在调用该方法时将无法利用多态的特性。为了解决这个问题，我们可以将方法 calculateGrade 定义在一个接口中。

在目录 course 下新建一个 ArkTS 文件 GradeCalculable.ets，在其中定义一个名为 GradeCalculable 的接口，如代码清单 5-31 所示。

代码清单 5-31 GradeCalculable.ets

```
01 export interface GradeCalculable {
02     calculateGrade(): String;
03 }
```

在接口 GradeCalculable 中，我们定义了一个方法 calculateGrade（第 2 行）。该方法只有签名，而没有具体实现。

5.7.2 实现接口

定义好接口之后，我们就可以实现接口了。实现接口使用关键字 implements。

修改 Mathematics 类和 CareerPlanning 类，使这两个类都实现接口 GradeCalculable。修改后的 Mathematics 类如代码清单 5-32 所示。

代码清单 5-32 Mathematics.ets

```
01 import { Course } from './Course';
02 import { FullTimeTeacher } from './FullTimeTeacher';
03 import { GradeCalculable } from './GradeCalculable';
04
05 export class Mathematics extends Course implements GradeCalculable {
06     // 其他代码略
07
08     calculateGrade(): string {
09         const score = this.calculateTotalScore();
10         if (score < 60) {
11             return "不及格";
```

```
12        } else if (score < 80) {
13            return "及格";
14        } else if (score < 90) {
15            return "良好";
16        } else {
17            return "优秀";
18        }
19    }
20 }
```

在 Mathematics 类的定义中，我们通过添加“implements GradeCalculable”实现了接口 GradeCalculable，之后在 Mathematics 类中添加了对方法 calculateGrade 的实现。对 CareerPlanning 类也进行相同的修改，不过该类中方法 calculateGrade 的代码如下：

```
calculateGrade(): string {
    const score = this.calculateTotalScore();
    if (score < 60) {
        return "不合格";
    } else {
        return "合格";
    }
}
```

1. 接口的实现规则

一个类可以实现一个或多个接口，当实现多个接口时，接口之间使用逗号进行分隔，接口之间没有顺序要求。示例如下：

```
interface Runnable {
    run(): void;
}

interface Stoppable {
    stop(): void;
}

class Car implements Runnable, Stoppable {
    run(): void {
        console.log('Car is running');
    }

    stop(): void {
        console.log('Car has stopped');
    }
}
```

在上面的示例代码中，Car 类实现了两个接口：Runnable 和 Stoppable。它必须实现这两个接口中声明的所有成员，即方法 run 和 stop。

由于 ArkTS 只支持类的单继承，不支持类的多继承，任何一个类最多只能有一个直接父类，而任何一个类都可以直接实现多个接口，因此接口在某种程度上弥补了单继承的不足。

一个类可以部分实现接口，即只实现接口中的部分成员。在这种情况下，这个类必须被定义为抽象类。示例如下：

```
interface Animal {
    eat(): void;

    sleep(): void;
}

// 抽象类只实现了接口的一部分
abstract class AbstractBird implements Animal {
    eat() {
        console.log('Bird is eating');
    }

    // 方法 sleep 没有实现，所以 AbstractBird 必须被声明为抽象类
    abstract sleep(): void;
}
```

在以上示例代码中，AbstractBird 是一个抽象类，它实现了接口 Animal 的方法 eat，但没有实现方法 sleep，因此方法 sleep 必须在 AbstractBird 类中被声明为抽象方法。

2. 接口成员的实现规则

当实现接口中的方法时，需要同时满足的条件有以下几个。

- 方法名保持不变。
- 形参类型列表中对应的形参类型要么保持不变，要么与原类型兼容。
- 返回类型要么保持不变，要么与原类型兼容。
- 访问控制修饰符只能使用 public。

当实现接口中的属性时，需要同时满足的条件有以下几个。

- 属性名保持不变。
- 属性类型要么保持不变，要么与原类型兼容。
- 访问控制修饰符只能使用 public。

5.7.3 通过接口实现多态

同类一样，接口也是**引用类型**。如果一个类实现了某个接口，那么该类的实例可以被认为是该接口类型的实例，因此我们可以将该类的实例赋给该接口类型的变量或常量。

我们继续完善课务管理项目，修改 Index.ets，如代码清单 5-33 所示。

代码清单 5-33　Index.ets

```
01  import { GradeCalculable } from '../course/GradeCalculable';
02  import { Mathematics } from '../course/Mathematics';
03  import { CareerPlanning } from '../course/CareerPlanning';
```

```
04
05  // 其他代码略
06
07  function test() {
08      let gradeCalculable: GradeCalculable;
09
10      gradeCalculable = new Mathematics('0011', 90, 100, 60);
11      console.log('Mathematics: ');
12      console.log(`\t 得分等级: ${gradeCalculable.calculateGrade()}`);
13
14      gradeCalculable = new CareerPlanning('0012', 70);
15      console.log('CareerPlanning: ');
16      console.log(`\t 得分等级: ${gradeCalculable.calculateGrade()}`);
17  }
```

我们在函数 test 中声明一个 GradeCalculable 类型的变量 gradeCalculable（第 8 行），分别构造一个 Mathematics 类和 CareerPlanning 类的实例并赋给引用类型的变量 gradeCalculable（第 10 行和第 14 行）。当通过该变量调用方法 calculateGrade 时，其运行时类型分别是 Mathematics 和 CareerPlanning 类型，从而分别调用这两个类中的方法 calculateGrade。这样，就通过接口实现了多态，同一个接口类型的变量 gradeCalculable 在调用同一个方法 calculateGrade 时呈现出了不同的行为。

单击"运行"按钮，HiLog 窗口中输出的结果如下：

```
Mathematics:
        得分等级：优秀
CareerPlanning:
        得分等级：合格
```

接口定义了一种规范（标准），实现接口的类型必须要实现这种规范。例如，对于任何一部智能手机而言，只要它支持蓝牙接口，那么任何蓝牙设备，比如耳机、键盘、手环等，都可以与这部智能手机连接并正常使用。这是因为所有生产厂家都实现了蓝牙接口的规范。因此，接口不是物理意义上的连接器。一般我们谈到蓝牙接口，指的是智能手机上的蓝牙功能实现了蓝牙规范，而具体的连接器只是蓝牙接口的实例。只要大家都实现了同一个蓝牙规范，那么智能手机厂商不需要关心用户使用的是哪个厂家生产的何种类型的蓝牙设备，蓝牙设备生产厂家也不需要关心用户使用的智能手机是何种品牌何种型号。接口将规范和实现进行了分离，降低了模块之间的耦合度。

想象一个在线支付系统，其中包含多种支付方式，如信用卡支付、电子钱包支付、银行转账等。为了让支付系统能够灵活地支持多种支付方式，同时又不依赖于特定的支付方法实现，我们可以定义一个支付接口 PaymentMethod，如下所示：

```
interface PaymentMethod {
    authorizeTransaction(amount: number): boolean;
}
```

接下来，根据这个接口定义几种具体的支付方式：

```
// 信用卡支付
class CreditCardPayment implements PaymentMethod {
    authorizeTransaction(amount: number): boolean {
        console.log(`授权信用卡支付数量: ${amount}`);
        // 实际的授权逻辑
        return true;  // 假设授权总是成功
    }
}

// 电子钱包支付
class WalletPayment implements PaymentMethod {
    authorizeTransaction(amount: number): boolean {
        console.log(`授权电子钱包支付数量: ${amount}`);
        // 实际的授权逻辑
        return true;  // 假设授权总是成功
    }
}

//  银行转账
class BankTransferPayment implements PaymentMethod {
    authorizeTransaction(amount: number): boolean {
        console.log(`授权银行转账支付数量: ${amount}`);
        // 实际的授权逻辑
        return true;  // 假设授权总是成功
    }
}
```

现在，支付系统可以不关心用户选择哪种支付方式，只需要调用方法 authorizeTransaction 即可。代码如下：

```
function processPayment(payment: PaymentMethod, amount: number) {
    if (payment.authorizeTransaction(amount)) {
        console.log('支付授权成功');
        // 处理后续支付逻辑...
    } else {
        console.log('支付授权失败');
        // 处理失败逻辑...
    }
}

function test() {
    // 使用不同的支付方式
    processPayment(new CreditCardPayment(), 100);
    processPayment(new WalletPayment(), 50);
}
```

这就是接口将规范和实现进行分离，以降低模块之间耦合度的例子。

通过定义接口 PaymentMethod，支付系统可以轻松地扩展新的支付方式，只要这些新的支付方式实现了接口 PaymentMethod。这样，支付系统的其他部分无须更改即可接受新的支付方式，从而实现了高度的模块化和灵活性。这与蓝牙设备遵循蓝牙规范以确保互操作性的情况非常相似，展示了软件开发中接口如何用于定义标准和规范，以及如何通过这些标准和规范来降低不同系统组件之间的耦合度。

5.7.4 将对象字面量作为接口类型的实例

在 ArkTS 中，可以将对象字面量作为接口类型的实例使用。示例如下：

```
interface Person {
    name: string;
    age: number;
    email?: string;  // 可选
}

function printPersonInfo(person: Person) {
    console.log(`name: ${person.name}`);
    console.log(`age: ${person.age}`);
    console.log(`email: ${person.email}`);
}

function test() {
    printPersonInfo({ name: 'Alice', age: 18 });
    printPersonInfo({ name: 'Mike', age: 23, email: 'abc@example.com' });
}
```

在以上示例中，首先定义了一个接口类型 Person，其中 email 是可选的。然后定义了一个函数 printPersonInfo，该函数接收一个 Person 类型的实例作为参数，并输出这个人的相关信息。在函数 test 中，调用了函数 printPersonInfo 两次，并且都使用对象字面量作为实参。

单击“运行”按钮，HiLog 窗口中输出的结果如下：

```
name: Alice
age: 18
email: undefined
name: Mike
age: 23
email: abc@example.com
```

需要注意的是，当把一个对象字面量作为接口类型的实例时，接口不能包含方法。

5.7.5 继承接口

一个接口可以继承一个或多个接口。子接口在继承父接口后，可以获得父接口中定义的所有成员，并且可以添加新的接口成员。与类的继承相同，接口的继承也使用关键字 extends。当一个接口继承多个接口时，接口之间使用逗号分隔，且没有顺序要求。

假设我们正在开发一个应用程序，需要定义一个表示用户信息的接口，其中一些基本信息来自“个人信息”接口，另一些如工作信息来自“工作信息”接口。我们可以创建三个接口：PersonalInfo、WorkInfo 和 User，其中接口 User 继承自接口 PersonalInfo 和 WorkInfo。示例代码如下：

```
// 定义个人信息接口
interface PersonalInfo {
    name: string;
    age: number;
    email: string;
}

// 定义工作信息接口
interface WorkInfo {
    company: string;
    position: string;
}

// 定义用户接口，继承个人信息和工作信息接口
interface User extends PersonalInfo, WorkInfo {
    id: number;
}

function test() {
    const user: User = {
        id: 18,
        name: 'Mike',
        age: 23,
        email: 'abc@example.com',
        company: 'xyz Inc.',
        position: 'Developer'
    };

    console.log(JSON.stringify(user));
}
```

在以上示例代码中，接口 User 通过关键字 extends 继承了接口 PersonalInfo 和 WorkInfo，有效地复用了这两个接口中定义的所有成员。这样，我们就可以创建一个同时包含个人信息和工作信息的用户对象了。接口 User 还增加了一个 id 来扩展用户的功能。这种方式可以使得我们的类型定义既清晰又灵活，方便后续的扩展和维护。

5.7.6 面向接口编程示例

如前所述，接口成功地将规范与实现分离，从而赋予实现可替换性。只要遵守接口规范，

就可以轻松地用一个实现替换另一个实现。在软件系统中，通过接口使各个模块或组件在相互耦合时以接口为导向，能够实现松耦合，提高系统的可维护性和可扩展性。另外，接口还弥补了类仅能进行单一继承的局限性。接下来，继续改造课务管理项目，实现面向接口编程。

授课教师除了全职教师还有兼职教师。我们已经有了表示全职教师的 FullTimeTeacher 类，下面再定义一个表示兼职教师的 PartTimeTeacher 类。首先将 ArkTS 文件 FullTimeTeacher.ets 重命名为 Teacher.ets，该文件用于存储所有和教师相关的类型。

提示 在 DevEco Studio 中给文件重命名时，我们可以在 Project 窗口中选中文件，然后单击右键，选择命令菜单【Refactor】|【Rename】(或选中文件后直接按 Shift+F6 组合键)。在弹出的对话框中输入新的文件名，并勾选 “Search for referecnces” 选项，最后单击 “Refactor” 按钮确认。这样操作之后，在工程中所有引用了该文件的代码也会被一并修改。

例如，在本例中，PhysicalEducation.ets 中导入 FullTimeTeacher 的语句将由

```
import { FullTimeTeacher } from './FullTimeTeacher';
```

被自动修改为

```
import { FullTimeTeacher } from './Teacher';
```

在 Teacher.ets 中定义兼职教师对应的类 PartTimeTeacher，如代码清单 5-34 所示。

代码清单 5-34 Teacher.ets 中的 PartTimeTeacher 类

```
01  export class PartTimeTeacher {
02    printInfo() {
03      console.log('兼职教师 授课时间：周六 全天');
04    }
05  }
```

回顾一下 PhysicalEducation 类。当前 PhysicalEducation 类中的代码体现的是授课教师为全职教师时的情况，相关的代码如下：

```
import { FullTimeTeacher } from './Teacher';

export class PhysicalEducation extends Course {
  private _teacher = new FullTimeTeacher();  // 授课教师

  // 无关代码略

  printTeacherInfo() {
    this._teacher.printInfo();
  }
}
```

如果将体育课的授课教师改为兼职教师，那么就需要对 PhysicalEducation 类中与授课教师相关的代码进行修改。修改后的 PhysicalEducation 类如代码清单 5-35 所示。

代码清单 5-35 PhysicalEducation.ets

```
01  import { PartTimeTeacher } from './Teacher';
02
03  export class PhysicalEducation extends Course {
04    private _teacher = new PartTimeTeacher();  // 授课教师
05
06    // 无关代码略
07
08    printTeacherInfo() {
09      this._teacher.printInfo();
10    }
11  }
```

从上面的代码可以看出，PhysicalEducation 类与具体类型的授课教师对应的类紧密地耦合在一起，当修改授课教师类型时，必须要修改 PhysicalEducation 类中相应的代码，导致 PhysicalEducation 类的可维护性变得很糟糕。我们希望在修改授课教师类型时，不需要修改 PhysicalEducation 类中的代码。接下来使用面向接口编程的思想来解耦，使得授课教师类型可以任意修改。

在 Teacher.ets 中，我们会定义一个名为 TeacherReplaceable 的接口，如代码清单 5-36 所示。

代码清单 5-36 Teacher.ets 中的接口 TeacherReplaceable

```
01  export interface TeacherReplaceable {
02    printInfo(): void;
03  }
```

接下来要做的是，让 FullTimeTeacher 类和 PartTimeTeacher 类都实现接口 TeacherReplaceable，如代码清单 5-37 所示。

代码清单 5-37 Teacher.ets 中的类 FullTimeTeacher 和 PartTimeTeacher

```
01  export class FullTimeTeacher implements TeacherReplaceable {
02    printInfo() {
03      console.log('全职教师 授课时间：工作日 全天');
04    }
05  }
06
07  export class PartTimeTeacher implements TeacherReplaceable {
08    printInfo() {
09      console.log('兼职教师 授课时间：周六 全天');
10    }
11  }
```

然后，修改 PhysicalEducation.ets，修改后的 PhysicalEducation.ets 如代码清单 5-38 所示。

代码清单 5-38 PhysicalEducation.ets

```
01  import { Course } from './Course';
02  import { TeacherReplaceable } from './Teacher';
```

```
03
04  export class PhysicalEducation extends Course {
05     private _teacher: TeacherReplaceable;  // 授课教师
06
07     constructor(studentID: string, examScore: number, teacher: TeacherReplaceable) {
08        super(studentID, examScore);
09        this._teacher = teacher;
10     }
11
12     get teacher() {
13        return this._teacher;
14     }
15
16     set teacher(value: TeacherReplaceable) {
17        this._teacher = value;
18     }
19
20     printTeacherInfo() {
21        this._teacher.printInfo();
22     }
23
24     // 无关代码略
25  }
```

我们在 PhysicalEducation 类中声明一个 TeacherReplaceable 类型的 private 实例字段_teacher（第 5 行），用于存储授课教师。由于授课教师是由创建 PhysicalEducation 对象时传入的参数决定的，因此在构造函数的参数列表中加上 teacher（第 7 行）。在构造函数中对字段_teacher 完成初始化（第 9 行），然后为 private 字段_teacher 添加相应的属性 teacher，用于对字段_teacher 进行读写操作（第 12～18 行）。

完成对 PhysicalEducation 类的修改之后，修改 Index.ets 以验证修改的成果，如代码清单 5-39 所示。

代码清单 5-39 Index.ets

```
01  import { PhysicalEducation } from '../course/PhysicalEducation';
02  import { FullTimeTeacher } from '../course/Teacher';
03  import { PartTimeTeacher } from '../course/Teacher';
04
05  // 无关代码略
06
07  function test() {
08     // 传入的是全职教师
09     const physicalEducation = new PhysicalEducation('0011', 90, new FullTimeTeacher());
10     physicalEducation.printTeacherInfo()  // 输出教师信息
11
12     physicalEducation.teacher = new PartTimeTeacher();  // 更新教师为兼职教师
```

```
13    physicalEducation.printTeacherInfo()  // 再次输出教师信息
14  }
```

单击“运行”按钮，HiLog 窗口中输出的结果如下：

```
全职教师 授课时间：工作日 全天
兼职教师 授课时间：周六 全天
```

这样就实现了授课教师类型的任意更换，而且没有修改 PhysicalEducation 类中的任何代码。同理，我们可以对 Mathematics.ets 进行相同的修改操作，如代码清单 5-40 所示。

代码清单 5-40 Mathematics.ets

```
01  import { Course } from './Course';
02  import { TeacherReplaceable } from './Teacher';
03  import { GradeCalculable } from './GradeCalculable';
04
05  export class Mathematics extends Course implements GradeCalculable {
06    private _attendanceScore: number;  // 出勤得分
07    private _examRate: number;  // 考试得分占课程总评分的百分比的数值部分
08    private _teacher: TeacherReplaceable;  // 授课教师
09
10    constructor(studentID: string, examScore: number, attendanceScore: number,
11              examRate: number, teacher: TeacherReplaceable) {
12      super(studentID, examScore);
13      this._attendanceScore = attendanceScore;
14      this._examRate = examRate;
15      this._teacher = teacher;
16    }
17
18    get teacher() {
19      return this._teacher;
20    }
21
22    set teacher(value: TeacherReplaceable) {
23      this._teacher = value;
24    }
25
26    printTeacherInfo() {
27      this._teacher.printInfo();
28    }
29
30    // 无关代码略
31  }
```

最后，修改 Index.ets 中的 test 函数，修改后的 test 函数如代码清单 5-41 所示。

代码清单 5-41 Index.ets 中的 test 函数

```
01  function test() {
02    // 传入的是全职教师
```

```
03    const physicalEducation = new PhysicalEducation('0011', 90, new FullTimeTeacher());
04    console.log('physicalEducation: ');
05    physicalEducation.printTeacherInfo();  // 输出教师信息
06    physicalEducation.teacher = new PartTimeTeacher();  // 更新教师为兼职教师
07    physicalEducation.printTeacherInfo();  // 再次输出教师信息
08
09    // 传入的是兼职教师
10    const mathematics = new Mathematics('0012', 88, 90, 50, new PartTimeTeacher());
11    console.log('mathematics: ');
12    mathematics.printTeacherInfo();  // 输出教师信息
13    mathematics.teacher = new FullTimeTeacher();  // 更新教师为全职教师
14    mathematics.printTeacherInfo();  // 再次输出教师信息
15  }
```

单击“运行”按钮，HiLog 窗口中输出的结果如下：

```
physicalEducation:
全职教师 授课时间：工作日 全天
兼职教师 授课时间：周六 全天
mathematics:
兼职教师 授课时间：周六 全天
全职教师 授课时间：工作日 全天
```

本章主要知识点

- □ 面向对象编程的概念
- □ 类的定义和对象的创建
  - ■ 类的成员
    - ◆ 字段
    - ◆ 方法
    - ◆ 构造函数
  - ■ 成员访问
  - ■ 类是引用类型
- □ 封装
  - ■ 访问控制
  - ■ 属性的使用
- □ 继承
  - ■ 定义并继承父类
  - ■ 重写父类的成员
- □ 多态
- □ 抽象类

  - 抽象类及其成员
  - 通过抽象类实现多态
- 接口
  - 接口的定义和实现
  - 通过接口实现多态
  - 接口的继承
- 其他
  - 对象字面量的用法
  - 使用组合实现代码复用
  - as 操作符和 instanceof 操作符
  - 如何组织代码

第6章 空安全

6

在现代软件开发中，处理空值（null 或 undefined）是一个常见而重要的主题。不当的空值处理往往会导致错误，这些错误可能难以追踪且难以调试，从而影响程序的稳定性和可靠性。ArkTS 作为一种旨在提高开发效率和代码质量的语言，引入了多项空安全特性，帮助开发者有效地避免空值相关的常见陷阱。

本章将深入探讨 ArkTS 中空安全的相关概念和特性。空安全是指在编程时能够明确地处理可能为空的值，从而避免出现空引用错误的机制。ArkTS 通过在语言层面提供一系列工具和特性，如可选链、非空断言操作符等，来支持空安全编程，使得开发者可以编写更清晰、更健壮的代码。通过本章的学习，你将掌握 ArkTS 中处理空值的强大特性，了解如何利用这些特性避免常见的空值错误，编写更安全、更可靠的代码。

6.1 概述

在 ArkTS 中，null 和 undefined 是常见的错误来源。为了提高代码的健壮性和可靠性，ArkTS 引入了空安全特性，旨在防止 null 和 undefined 引起的错误。

先看 null 的用法。null 是 ArkTS 内置的类型，它只有一个值，就是 null，表示“没有值”。举个例子，如果有一个表示用户年龄的变量，但是目前还没有用户的年龄数据，那么可以把这个变量的类型指定为联合类型 number | null，并且将变量的初始值指定为 null。示例如下：

```
function test() {
    let userAge: number | null = null;  // 用户年龄暂时未知，设置为 null
}
```

再来回顾一下 undefined 的用法。undefined 是 ArkTS 内置的类型，它只有一个值，就是 undefined。在定义函数时，可以在形参名的后面添加一个问号（?），表示该参数是可选的，在调用函数时若不传递对应的实参，则形参的值为 undefined。在定义类（或接口）时，可以在字段名或属性名的后面添加一个问号（?），表示该字段或属性是可选的，在构造实例时若不为其指定对应的值，则其值为 undefined。假设某个形参、字段或属性的类型为 T 并且名称为 x，“x?: T”相当于“x: T | undefined”。示例如下：

```
function printName(name?: string) {
    console.log(name);
}

class Person {
    id: number;
    gender?: string;

    constructor(id: number, gender?: string) {
        this.id = id;
        this.gender = gender;
    }
}

function test() {
    printName();  // 输出：undefined

    const person = new Person(18);
    console.log(person.gender);  // 输出：undefined
}

// 其他代码略
.onClick((event: ClickEvent) => {
    test();
}
```

在以上示例代码中，首先定义了一个函数 printName，在其形参 name 的后面添加了一个问号，因此，形参 name 的类型为联合类型 string | undefined。然后定义了一个类 Person，在其字段 gender 的后面添加了一个问号，因此，字段 gender 的类型为联合类型 string | undefined。在函数 test 中，首先调用了函数 printName 并且没有为形参 name 传递实参，形参 name 的值即为 undefined，然后创建一个 Person 的对象并且没有为字段 gender 指定值，字段 gender 的值即为 undefined。

为了说明 null 和 undefined 导致的常见错误，我们来看一个示例。示例程序如代码清单 6-1 所示。

代码清单 6-1 Index.ets

```
01  class Person {
02      id: number | null = null;
03      age?: number;
04  }
05
06  function test() {
07      let person = new Person();
08      console.log(person.id.toString());  // 编译错误
09      console.log(person.age.toString());  // 编译错误
```

```
10 }
11
12 // 其他代码略
13 .onClick((event: ClickEvent) => {
14     test();
15 }
```

在以上示例程序中，我们定义了一个 Person 类，其中，字段 id 的初始值为 null，字段 age 的初始值为 undefined（第 1～4 行）。在函数 test 中，创建了一个 Person 类的对象 person（第 7 行）。当通过 person 访问字段 id 和 age，并且分别调用 toString 方法将字段值转换为字符串时，由于 null 和 undefined 都无法调用 toString 方法，因此都编译报错了（第 8 行和第 9 行）。

要解决这个问题，我们可以在访问 id 和 age 之前使用 if 语句分别进行判断。修改后的代码如代码清单 6-2 所示。

代码清单 6-2 Index.ets

```
01 class Person {
02     id: number | null = null;
03     age?: number;
04 }
05
06 function test() {
07     let person = new Person();
08
09     if (person.id != null) {
10         console.log(person.id.toString());
11     } else {
12         console.log('id is null');
13     }
14
15     if (person.age != undefined) {
16         console.log(person.age.toString());
17     } else {
18         console.log('age is undefined');
19     }
20 }
21
22 // 其他代码略
23 .onClick((event: ClickEvent) => {
24     test();
25 }
```

在以上示例程序中，先通过比较操作符确认 person.id 不是 null，再调用 toString 方法（第 9～13 行）；对 person.age 的处理也是同理（第 15～19 行）。

6.2 空安全的特性

为了确保 null 和 undefined 是空安全的，ArkTS 引入了一些特性，主要包括**可选链**、**非空断言操作符**和**空值合并操作符**。接下来我们逐一介绍这些特性。

6.2.1 可选链

ArkTS 中的可选链是一个非常有用的语言特性，它提供了一种简洁的语法来处理深层嵌套结构中的可选字段或可选属性。假设我们有一个可能包含多层嵌套的数据结构，而且不是每个层级的字段或属性都保证存在。例如，考虑以下几个接口类型：

```
interface Address {
    street?: string;
    city?: string;
}

interface Profile {
    name?: string;
    address?: Address;
}

interface User {
    profile?: Profile
}
```

Profile 类型的定义包含了 Address 类型，User 类型的定义包含了 Profile 类型。其中，profile、name、address、street 和 city 都是可选的。想安全地访问 city，传统的做法可能是这样的：

```
function getCity(user: User): string | undefined {
    if (user.profile && user.profile.address) {
        return user.profile.address.city;
    }
    return undefined;
}
```

为了简化类似上面的做法，ArkTS 提供了**可选链操作符**，它由一个问号和一个点（?.）组成。可选链操作符的规则可以通过如下代码来说明：

```
const value = someObject?.property;
```

如果 someObject 既不是 null 也不是 undefined，value 将被赋予 someObject.property 的值；如果 someObject 是 null 或 undefined，value 将被赋予 undefined。多个可选链操作符可以连续使用，组成一个可选链。

接下来，使用可选链操作符安全地访问 city，示例程序如代码清单 6-3 所示。

代码清单 6-3　Index.ets

```
01  interface Address {
02      street?: string;
```

```
03    city?: string;
04  }
05
06  interface Profile {
07    name?: string;
08    address?: Address;
09  }
10
11  interface User {
12    profile?: Profile
13  }
14
15  function getCity(user: User): string | undefined {
16    return user.profile?.address?.city;
17  }
18
19  function test() {
20    const user: User = {
21      profile: {
22        name: 'Alice'
23      }
24    }
25
26    console.log(getCity(user));  // 输出: undefined
27  }
28
29  // 其他代码略
30  .onClick((event: ClickEvent) => {
31    test();
32  }
```

在以上示例代码中，由于 profile 和 address 都可能为 undefined，因此在访问 profile 的 address 以及访问 address 的 city 时，都使用了可选链操作符（第 16 行）。

现在我们可以使用可选链操作符修改一下 6.1 节中导致编译错误的示例（代码清单 6-1），修改后的代码如代码清单 6-4 所示。

代码清单 6-4　Index.ets

```
01  class Person {
02    id: number | null = null;
03    age?: number;
04  }
05
06  function test() {
07    let person = new Person();
08    console.log(person.id?.toString());  // 输出: undefined
09    console.log(person.age?.toString());  // 输出: undefined
```

```
10 }
11
12 // 其他代码略
13 .onClick((event: ClickEvent) => {
14     test();
15 }
```

6.2.2 非空断言操作符

如果一个表达式的值可能为 null 或 undefined，那么可以在它的后面添加一个感叹号（!）进行非空断言，以告诉编译器“我知道这个值不会是 null 或 undefined”，从而绕过编译器的空值检查。若非空断言失败，即实际上该值是 null 或 undefined，则会在运行时抛出错误。

继续修改代码清单 6-1，在其中使用非空断言操作符。修改后的示例程序如代码清单 6-5 所示。

代码清单 6-5 Index.ets

```
01 class Person {
02     id: number | null = null;
03     age?: number;
04 }
05
06 function test() {
07     let person = new Person();
08
09     person.id = 3;
10     person.age = 18;
11     console.log(person.id!.toString());  // 输出：3
12     console.log(person.age!.toString());  // 输出：18
13
14     person.id = null;
15     person.age = undefined;
16     console.log(person.id!.toString());  // 运行时抛出错误
17     console.log(person.age!.toString());  // 运行时抛出错误
18 }
19
20 // 其他代码略
21 .onClick((event: ClickEvent) => {
22     test();
23 }
```

当 id 的值不是 null 时，通过 id!可以访问 id 的值；当 age 的值不是 undefined 时，通过 age!可以访问 age 的值（第 11、12 行）。但是，当 id 的值是 null 时，或者当 age 的值是 undefined 时，id!和 age!在运行时都会抛出错误（第 16、17 行）。

注　关于运行时抛出的错误如何处理详见第 7 章。

6.2.3 空值合并操作符

空值合并操作符由两个问号（??）组成，它提供了一种简洁的方式来指定当左侧操作数为 null 或 undefined 时的默认值。空值合并操作符的规则可以通过如下代码来说明：

```
const result = someValue ?? defaultValue;
```

如果 someValue 的值不是 null 或 undefined，result 将被赋予 someValue 的值；否则，result 将被赋予 defaultValue 的值。示例如下：

```
function greet(name: string | null | undefined) {
    const greeting = '你好, ' + (name ?? '顾客');
    console.log(greeting);
}

function test() {
    greet('Alice');  // 输出：你好, Alice
    greet(null);  // 输出：你好, 顾客
    greet(undefined);  // 输出：你好, 顾客
}
```

在以上示例程序中，我们定义了一个函数 greet，其中形参 name 的类型是 string | null | undefined，这意味着它可以是字符串、null 或 undefined。在函数体中，使用空值合并操作符来确定变量 greeting 的值，如果 name 是一个非空字符串（既不是 null，也不是 undefined），greeting 的值为该字符串；否则 greeting 的值为指定的默认字符串'顾客'。

现在我们使用空值合并操作符来修改一下代码清单 6-1，修改后的示例程序如代码清单 6-6 所示。

代码清单 6-6 Index.ets

```
01  class Person {
02    id: number | null = null;
03    age?: number;
04  }
05
06  function test() {
07    let person = new Person();
08
09    person.id = 3;
10    person.age = 18;
11    console.log((person.id ?? 0).toString());  // 输出：3
12    console.log((person.age ?? 20).toString());  // 输出：18
13
14    person.id = null;
15    person.age = undefined;
16    console.log((person.id ?? 0).toString());  // 输出：0
```

```
17     console.log((person.age ?? 20).toString());  // 输出：20
18 }
19
20 // 其他代码略
21 .onClick((event: ClickEvent) => {
22     test();
23 }
```

本章主要知识点

- 空安全的概念
- 空安全的特性
  - 可选链
  - 非空断言操作符
  - 空值合并操作符

第 7 章 错误处理

7

在软件开发过程中，错误处理和空安全是保证程序健壮性和可靠性的两个关键环节。虽然紧密相关，但它们各自聚焦于编程中不同的挑战和策略。在第 6 章中，我们介绍了空安全的相关知识。然而，即便通过空安全特性减少了一类常见的错误，程序在运行时仍可能遇到其他种类的预期之外的情况，如无效的输入数据、资源访问失败或内部逻辑错误等。这些情况超出了空安全策略的范围，需要通过更广泛的错误处理机制来应对。合理地处理这些错误不仅可以防止程序崩溃，还可以提供更友好的用户体验，并允许程序安全地恢复或优雅地终止。

本章将深入探讨 ArkTS 的错误处理机制，区别于空安全相关的预防措施，我们将聚焦于如何在程序执行过程中遇到不可预见的错误时进行有效的捕获和处理，包括错误处理的基本概念以及如何使用 try-catch-finally 语句捕获和处理错误。我们还将学习如何在 ArkTS 代码中手动抛出错误，以及如何创建自定义错误类型，以适应特定的错误处理需求。通过本章的学习，你将获得在 ArkTS 项目中有效管理和处理错误的知识和技能，这将帮助你构建更加健壮、可维护和用户友好的应用程序。

7.1 概述

在程序运行过程中，可能会发生各种异常状况，这些状况通常是由于数据错误、资源耗尽、不符合逻辑的操作或外部系统的变化等原因引起的。当这些异常状况发生时，如果未进行适当的处理，可能会导致程序的某些部分或整体停止运行。示例如下：

```
function generateArray() {
    const array = new Array<number>(-5);
    console.log('创建了一个数组');
}

function test() {
    generateArray();
}

// 其他代码略
```

```
    .onClick((event: ClickEvent) => {
        test();
    }
```

以上示例代码的函数 generateArray 创建了一个元素类型为 number 并且长度为-5 的数组。上面的代码可以编译通过，但是在运行过程中发生了异常，输出的错误信息如下：

```
[ArkRuntime Log] RangeError: Invalid array length
```

错误信息明确地指出，产生的错误是 RangeError，它是由无效的数组长度引起的。由于在创建数组时将长度指定为了-5，所以产生了 RangeError。在这个错误发生后，程序会立即结束运行。因此，最后一行代码没有被执行，即信息“创建了一个数组”没有被输出。

RangeError 类是 ArkTS 内置的一种错误类型，用于封装程序运行过程中由于超出预期范围而产生的错误。为了使程序在产生类似 RangeError 的错误时能够进行适当的处理，从而提高程序的正确性和健壮性，ArkTS 通过 try-catch-finally 语句对异常进行捕获和处理。

7.2 try-catch-finally 语句

ArkTS 使用 try-catch-finally 语句处理程序中可能产生的异常。该语句最多可由 3 部分组成：try 块、catch 块和 finally 块。try 块用于包含可能产生异常的代码；catch 块用于捕获 try 块中产生的异常并处理异常；finally 块用于包含无论是否产生异常都会执行的代码。try-catch-finally 语句的语法格式如下：

```
try {
    // 可能产生异常的代码
} catch (error) {
    // 处理异常的代码
} finally {
    // 无论是否产生异常，都会执行的代码
}
```

在该语句中，只有 try 块是必选的，但是 try 块不能独立存在，要么存在 catch 块，要么存在 finally 块。

try-catch-finally 语句执行的流程如图 7-1 所示。

try-catch-finally 语句的执行过程如下。

- 首先执行 try 块中的代码，try 块中是可能产生异常的代码。
- 如果在执行 try 块的过程中没有产生异常，那么执行完 try 块之后直接执行 finally 块中的代码，然后执行 try-catch-finally 语句后面的代码。
- 如果在执行 try 块的过程中产生了异常，系统会创建一个封装了错误信息的对象并将其从 try 块中抛出，随后该对象被 catch 块捕获并绑定到指定的变量 error（变量名可以是任意合法的标识符），然后执行 catch 块中的代码以处理异常。执行完 catch 块之后执行 finally 块中的代码，然后执行 try-catch-finally 语句后面的代码。

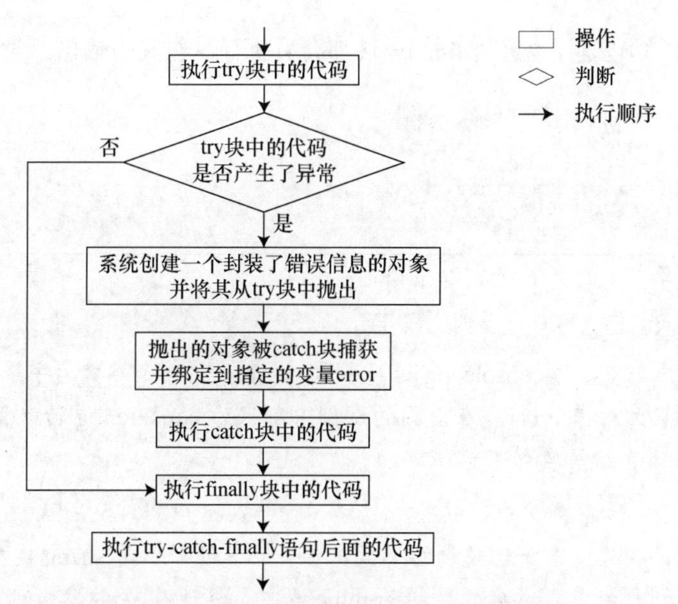

图 7-1 try-catch-finally 语句执行的流程图

接下来，使用 try-catch-finally 语句修改 7.1 节的示例程序。修改后的示例程序如代码清单 7-1 所示。

代码清单 7-1 Index.ets

```
01  function generateArray() {
02    try {
03      const array = new Array<number>(-5);
04      console.log('创建了一个数组');
05    } catch (error) {
06      console.log('发生了错误！', error);
07    } finally {
08      console.log('尝试创建数组的操作已结束');
09    }
10  }
11
12  function test() {
13    generateArray();
14  }
15
16  // 其他代码略
17  .onClick((event: ClickEvent) => {
18    test();
19  }
```

以上示例代码在执行 try 块时产生了异常。系统会创建一个封装了错误信息的对象并将其从 try 块中抛出。抛出的对象被 catch 块捕获并绑定到变量 error。在 catch 块中，输出相关的错误信息。无论是否成功创建了数组，finally 块都会被执行，在其中输出“尝试创建数组的操作已结束”。

运行程序，输出结果如下：

```
发生了错误！RangeError: Invalid array length
尝试创建数组的操作已结束
```

说明 在代码清单 7-1 的第 6 行有以下语句：

```
console.log('发生了错误！', error);
```

在上面的语句中，为 console.log 传入了两个参数，第一个参数为字符串'发生了错误！'，第二个参数为对象 error。在前面的示例中都只为 console.log 传入了一个参数。实际上 console.log 的签名如下。

```
console.log(message: string, ...arguments: any[]): void
```

console.log 可以接收任意数量的参数，第一个参数必须是 string 类型，其余的参数都将被收集到剩余参数对应的数组 arguments 中，并且其余的参数可以是任意类型。

从输出结果可知，无效的数组长度导致了类型为 RangeError 的错误。

如果在函数 generateArray 中将数组的长度改为一个正数，则在执行 try 块时不会产生异常。执行完 try 块后，finally 块被执行。例如，将数组的长度改为 3，运行程序，输出结果如下：

```
创建了一个数组
尝试创建数组的操作已结束
```

通过这个示例程序可以发现，try-catch-finally 语句在提高程序健壮性的同时，通过 try 块和 catch 块将正常流程的代码和异常流程的代码进行了分离。这种分离使得开发者能够清晰地理解哪些代码可能会引起问题，以及如何处理这些问题。

try 块、catch 块和 finally 块中定义或绑定的变量都只在当前所在的代码块内有效。示例如下：

```
function test() {
    try {
        const str = 'ArkTS';
        console.log(str);  // 正常工作
        // 可能产生异常的代码
    } catch (error) {
        console.log(str);  // 编译错误，str 在此处不可见
        console.log('发生了错误！', error);
    } finally {
        console.log(str);  // 编译错误，str 在此处不可见
    }

    console.log(str);  // 编译错误，str 在此处不可见
}
```

在使用 try-catch-finally 语句时，请避免在单个 try 块中编写大量的代码。try 块中的代码越多，产生异常的可能性就越大，产生异常时定位问题的难度也越大。应该将庞大的 try 块拆分为若干个可能产生异常的代码段，并将每个代码段都放在一个单独的 try 块中，从而分别捕获并处理异常。比如，一个函数中既有数据库操作又有文件操作，代码如下：

```
function test() {
    try {
        // 操作数据库
    } catch (error) {
        // 处理操作数据库产生的异常
    } finally {
        // 关闭数据库
    }

    try {
        // 操作文件
    } catch (error) {
        // 处理操作文件产生的异常
    } finally {
        // 关闭文件
    }
}
```

在以上示例中，将操作数据库的代码和操作文件的代码分别放在不同的 try 块中，可以更明确地分别处理它们可能产生的异常。

对于 catch 块绑定的变量 error，不能为其显式指定任何类型。因此，最多只能有一个 catch 块，所有类型的错误都会被该 catch 块捕获。如果 catch 块中需要对多种不同类型的错误分别进行处理，可以使用操作符 instanceof 对变量 error 的运行时类型进行进一步判断。示例如下：

```
function generateArray() {
    try {
        const array = new Array<number>(-5);
    } catch (error) {
        if (error instanceof TypeError) {
            console.log('错误类型是 TypeError');
        } else if (error instanceof RangeError) {
            console.log('错误类型是 RangeError');
        }
    }
}
```

在以上示例代码的 try 块中产生了异常，系统会抛出一个类型为 RangeError 的错误对象。因此，输出结果如下：

```
错误类型是 RangeError
```

无论 try 块中的代码是否产生异常，finally 块中的代码都会被执行。这对于确保资源被清理和释放特别有用，如关闭文件、关闭数据库连接等。

即使 try 块或 catch 块中包含 return 语句，finally 块仍然会执行。示例程序如代码清单 7-2 所示。

代码清单 7-2 Index.ets

```
01  // 创建一个指定长度的、元素类型为 number 的数组
02  function generateArray(length: number): Array<number> | null {
03     try {
04        const array = new Array<number>(length);
05        return array;
06     } catch (error) {
07        console.log('发生了错误！', error);
08        return null;
09     } finally {
10        console.log('尝试创建数组的操作已结束');
11     }
12  }
13
14  function test() {
15     generateArray(3);
16     generateArray(-5);
17  }
18
19  // 其他代码略
20  .onClick((event: ClickEvent) => {
21     test();
22  }
```

在以上示例中，我们先定义了一个函数 generateArray，用于创建一个指定长度的、元素类型为 number 的数组（第 1～12 行）。在函数体的 try 块中，如果创建数组成功，则将其返回；如果创建数组失败，则在 catch 块中输出错误信息并返回 null。不管 try 块中的代码是否执行了 return 语句，或者 catch 块中的代码是否执行了 return 语句，在 finally 块中总是输出一条提示信息。在函数 test 中依次调用函数 generateArray 两次（第 15 行和第 16 行）：首先，尝试创建一个长度为 3 的数组，这是一个有效操作，所以函数 generateArray 会返回创建的数组；其次，尝试创建一个长度为−5 的数组，这会导致产生异常，所以函数 generateArray 会返回 null。

单击“运行”按钮，HiLog 窗口中输出的结果如下：

```
尝试创建数组的操作已结束
发生了错误！RangeError: Invalid array length
尝试创建数组的操作已结束
```

如果 finally 块包含 return 语句，那么该语句返回的值会覆盖 try 块或 catch 块中 return 语句所返回的值。在以上示例程序的 finally 块中添加一个 return 语句，然后在函数 test 中分别两次调用函数 generateArray 并通过 console.log 输出函数的返回值。修改后的示例程序如代码清

单 7-3 所示。

代码清单 7-3 Index.ets

```
01  // 创建一个指定长度的、元素类型为 number 的数组
02  function generateArray(length: number): Array<number> | null {
03     try {
04        const array = new Array<number>(length);
05        return array;
06     } catch (error) {
07        console.log('发生了错误！', error);
08        return null;
09     } finally {
10        console.log('尝试创建数组的操作已结束');
11        return [0, 0, 0, 0];
12     }
13  }
14
15  function test() {
16     const array1 = generateArray(3);
17     console.log(JSON.stringify(array1));
18
19     const array2 = generateArray(-5);
20     console.log(JSON.stringify(array2));
21  }
22
23  // 其他代码略
24  .onClick((event: ClickEvent) => {
25     test();
26  }
```

单击“运行”按钮，HiLog 窗口中输出的结果如下：

```
尝试创建数组的操作已结束
[0,0,0,0]
发生了错误！RangeError: Invalid array length
尝试创建数组的操作已结束
[0,0,0,0]
```

由输出结果可知，函数 generateArray 总是会返回 finally 块中的 return 语句所指定的数组，而 try 块和 catch 块中的 return 语句所返回的值都会被覆盖。

7.3 使用 throw 手动抛出错误

在前面的所有示例程序中，当程序发生异常时，都是系统自动抛出内置错误类的对象。在某些情况下，我们还可以手动抛出内置错误类或自定义错误类的对象。这不仅可以立即停止当前执行路径，还可以提供更多关于错误的信息，使得错误处理更为清晰和可控。

ArkTS 使用关键字 throw 手动抛出错误，其语法格式如下：

```
throw 错误类的对象
```

关键字 throw 与抛出的错误类的对象一起构成了 throw 语句。throw 语句之后紧跟的语句将不会被执行。

7.3.1 手动抛出内置错误类的对象

有时即使某个函数或代码块不会自动抛出内置错误类的对象，我们可能仍然想要基于某些条件或逻辑手动抛出内置错误类的对象。这通常用于明确地表示某种异常状态或特定的不满足预期的情况。

假设有一个函数，该函数负责根据用户的请求创建一个固定大小的缓冲区。在创建缓冲区之前，我们需要检查请求的大小是否在允许的范围内。如果请求的大小超出了范围，即使不会导致 ArkTS 自动抛出内置错误类的对象，我们也可以手动抛出内置错误类 RangeError 的对象。示例程序如代码清单 7-4 所示。

代码清单 7-4 Index.ets

```
01 // 创建一个指定大小的缓冲区
02 function createBuffer(size: number): ArrayBuffer {
03    const MAX_SIZE = 1024;  // 允许的最大缓冲区大小为 1024 字节
04    if (size <= 0 || size > MAX_SIZE) {
05       throw new RangeError(`缓冲区大小必须在 1 到${MAX_SIZE}之间`);
06    }
07    return new ArrayBuffer(size);
08 }
09
10 function test() {
11    try {
12       const buffer1 = createBuffer(512);  // 创建一个大小为 512 的缓冲区
13       console.log('缓冲区创建成功，大小为', buffer1.byteLength);
14
15       const buffer2 = createBuffer(2048);  // 创建一个大小为 2048 的缓冲区
16       console.log('缓冲区创建成功，大小为', buffer2.byteLength);
17    } catch (error) {
18       if (error instanceof RangeError) {
19          console.log('缓冲区创建错误！', error);
20       } else {
21          console.log('未知错误！', error);
22       }
23    }
24 }
25
26 // 其他代码略
```

```
27   .onClick((event: ClickEvent) => {
28     test();
29   })
```

在以上示例程序中，首先定义了一个函数 createBuffer，用于创建一个指定大小的缓冲区（第 2～8 行）。在函数体中，定义了允许的最大缓冲区大小 MAX_SIZE，并检查传入的 size 是否在允许的范围内。如果 size 不在允许的范围内，则手动抛出一个 RangeError 类型的对象，其错误信息说明了有效的大小范围（第 5 行）。如果 size 在允许的范围内，则根据 size 创建一个 ArrayBuffer 的对象并返回。其中，ArrayBuffer 是 ArkTS 提供的内置类型，用于表示一块固定长度的原始二进制数据缓冲区。在函数 test 的 try 块中，首先尝试创建一个允许范围的缓冲区，然后尝试创建一个超出允许范围的缓冲区，后者会产生 RangeError 类型的错误。在 catch 块中捕获了可能抛出的错误对象，并输出相应的错误信息。

单击"运行"按钮，HiLog 窗口中输出的结果如下：

```
缓冲区创建成功，大小为 512
缓冲区创建错误！RangeError: 缓冲区大小必须在 1 到 1024 之间
```

尽管 RangeError 是 ArkTS 内置的错误类型，但在这个示例中，通过手动抛出这个类型的对象，我们可以为调用者提供更明确、更具描述性的错误信息，从而使调用者能够更容易地理解异常情况，并据此调整请求的缓冲区大小。

7.3.2 手动抛出自定义错误类的对象

ArkTS 内置了一些错误类型，虽然这些错误类型可以描述程序中出现的某些异常情况，但是有时需要描述程序中出现的特有的异常情况。为此，ArkTS 允许通过继承 Error 或其子类来自定义错误类。对于自定义错误类的命名，需要能够对特有的异常情况进行明确的描述，例如 DividedByZeroError，BufferSizeError。这样可以提高代码的可读性，当其他开发者看到一个明确命名的自定义错误类时，他们可以更容易地理解代码中可能出现的问题。

自定义错误类有助于封装错误信息并提供增强的异常处理。我们可以在自定义错误类中添加更多的成员，以提供有关异常的额外信息。

定义好错误类之后，我们就可以使用关键字 throw 将这个错误类的对象手动抛出了。

修改上一小节的示例程序，当请求的缓冲区大小超出了允许的范围时，使其手动抛出自定义错误类的对象。修改后的示例程序如代码清单 7-5 所示。

代码清单 7-5 Index.ets

```
01 class BufferSizeError extends Error {
02   requestedSize: number;  // 添加请求的缓冲区大小
03   timestamp: Date;  // 添加错误发生的时间戳
04
05   constructor(message: string, requestedSize: number) {
06     super(message);
```

```
07        this.name = '自定义的 BufferSizeError 类';  // 修改继承自父类的字段 name 的值
08        this.requestedSize = requestedSize;
09        this.timestamp = new Date();
10     }
11
12     // 将时间戳格式化为“YY-MM-DD H:M:S”格式
13     getFormattedTimestamp(): string {
14        // 获取年份的后 4 位
15        const year = this.timestamp.getFullYear().toString().slice(-4);
16        // 获取月份，加 1 是因为月份是从 0 开始的
17        const month = ('0' + (this.timestamp.getMonth() + 1)).slice(-2);
18        // 获取日期
19        const day = ('0' + this.timestamp.getDate()).slice(-2);
20        // 获取小时
21        const hours = ('0' + this.timestamp.getHours()).slice(-2);
22        // 获取分钟
23        const minutes = ('0' + this.timestamp.getMinutes()).slice(-2);
24        // 获取秒
25        const seconds = ('0' + this.timestamp.getSeconds()).slice(-2);
26
27        return `${year}-${month}-${day} ${hours}:${minutes}:${seconds}`;
28     }
29  }
30
31  // 创建一个指定大小的缓冲区
32  function createBuffer(size: number): ArrayBuffer {
33     const MAX_SIZE = 1024;  // 允许的最大缓冲区大小为 1024 字节
34     if (size <= 0 || size > MAX_SIZE) {
35        throw new BufferSizeError(`缓冲区大小必须在 1 到${MAX_SIZE}之间`, size);
36     }
37     return new ArrayBuffer(size);
38  }
39
40  function test() {
41     try {
42        const buffer1 = createBuffer(512);  // 创建一个大小为 512 的缓冲区
43        console.log('缓冲区创建成功，大小为', buffer1.byteLength);
44
45        const buffer2 = createBuffer(2048);  // 创建一个大小为 2048 的缓冲区
46        console.log('缓冲区创建成功，大小为：', buffer2.byteLength);
47     } catch (error) {
48        if (error instanceof BufferSizeError) {
49           console.log('缓冲区创建错误！', error);
50           console.log(`请求的缓冲区大小为 ${error.requestedSize}`);
51           console.log(`错误发生时间：${error.getFormattedTimestamp()}`);
52        } else {
53           console.log('未知错误！', error);
```

```
54        }
55     }
56  }
57
58  // 其他代码略
59  .onClick((event: ClickEvent) => {
60     test();
61  }
```

在以上示例程序中，首先自定义了一个错误类 BufferSizeError（第 1～29 行）。这个错误类继承了 Error 类，并添加了实例字段 requestedSize 和 timestamp，分别用于表示请求的缓冲区大小和错误发生的时间戳。这些信息对于调试和日志记录非常有用，因为它们提供了错误发生时的上下文。在函数 createBuffer 中（第 31～38 行），如果请求的缓冲区大小不在允许的范围内，不再抛出 RangeError 的对象，而是抛出自定义的 BufferSizeError 的对象（第 35 行）。在函数 test 的 catch 块中，除了输出错误信息，还输出了请求的缓冲区大小和错误发生的时间戳，这提供了更全面的错误描述（第 49～51 行）。

单击“运行”按钮，HiLog 窗口中输出的结果如下：

```
缓冲区创建成功，大小为 512
缓冲区创建错误！ 自定义的 BufferSizeError 类：缓冲区大小必须在 1 到 1024 之间
请求的缓冲区大小为 2048
错误发生时间：2024-01-24 18:48:10
```

本章主要知识点

- 错误处理的基本概念
- try-catch-finally 语句的用法
- 使用 throw 语句手动抛出错误类的对象

第 8 章

容器

在 ArkTS 中，容器扮演着至关重要的角色。它们不仅是数据结构的一种形式，更是一种强大的抽象，可让开发者以高效、有组织的方式管理和操作数据集合。从简单的数组到更复杂的数据结构如映射（Map）、集合（Set）以及它们的各种变体，容器的使用涉及现代软件开发的各个方面。容器代表了一种组织和管理数据的强大方式，它们使得数据处理变得既灵活又安全。容器的核心价值在于其能够有效地封装和管理数据集合。在 ArkTS 的静态类型系统的帮助下，我们可以创建出既严格又富有表现力的容器，这些容器不仅能够保证运行时的数据安全性，还能在编译时提供丰富的类型信息，极大地增强了代码的可读性和可维护性。

本章将深入探讨 ArkTS 中的容器类型及其用法，还将介绍如何使用高阶函数来操作这些容器类型。通过本章的学习，你将掌握 ArkTS 中容器类型的使用和高阶函数的应用，这将帮助你构建更加强大、灵活和高效的 ArkTS 应用程序。

8.1 数组

前文已经介绍了数组的一些基本用法。本章将重点介绍数组提供的高阶函数，这些函数通过接收另一个函数作为参数提供强大的数据处理和逻辑构建能力。

8.1.1 filter

filter 是数组的一个非常有用的高阶函数，它允许用户根据给定的条件筛选出数组中的元素，返回一个新的数组，这个新数组只包含满足条件的元素。filter 为数组中的每个元素调用一次回调函数，并利用所有使得回调函数返回 true 的元素创建一个新数组。

以下示例调用 filter 筛选出了数组中的所有偶数：

```
function test() {
    let numbers = [1, 2, 3, 4, 5, 6];
    let evenNumbers = numbers.filter(num => num % 2 === 0);
    console.log(JSON.stringify(evenNumbers));  // 输出：[2,4,6]
}
```

在这个例子中，调用 filter 遍历数组 numbers，对每个元素执行箭头函数。箭头函数中的参数 num 表示数组中正在处理的当前元素。箭头函数检查元素 num 是否为偶数，即 num % 2 === 0。只有当箭头函数返回 true（对于 2、4、6），这些元素才会被包含在新数组 evenNumbers 中。

再来看一个示例。假设有一个学生对象数组，我们想要筛选出分数超过 60 的学生。示例程序如代码清单 8-1 所示。

代码清单 8-1　Index.ets

```
01  interface Student {
02    name: string;
03    score: number;
04  }
05
06  function test() {
07    const students: Student[] = [
08      { name: "Alice", score: 50 },
09      { name: "Bob", score: 70 },
10      { name: "Charlie", score: 60 },
11      { name: "David", score: 90 }
12    ];
13
14    const passedStudents = students.filter(student => student.score > 60);
15
16    // 输出：[{"name":"Bob","score":70},{"name":"David","score":90}]
17    console.log(JSON.stringify(passedStudents));
18  }
```

在上述代码中，调用 filter 遍历数组 students，对每一个元素执行箭头函数。箭头函数中的参数 student 表示数组中正在处理的当前元素。如果这个箭头函数返回 true，那么当前的 student 就会被包含在结果数组 passedStudents 中。输出将是一个包含 Bob 和 David 的学生对象数组，因为只有他们的分数超过了 60。

在 filter 的回调函数中，第一个参数是必选的，表示数组中正在处理的当前元素。此外，回调函数中还可以包含两个可选的参数，分别表示正在处理的元素在数组中的索引，以及调用了 filter 的数组本身。

接下来，让我们通过一个示例来展示如何在 filter 的回调函数中同时使用这三个参数。假设我们将从一个数值数组中筛选出那些大于其前一个元素且小于其后一个元素的值。示例程序如代码清单 8-2 所示。

代码清单 8-2　Index.ets

```
01  function test() {
02    // MIN 表示最小的整数，MAX 表示最大的整数
03    const MIN = Number.MIN_SAFE_INTEGER;
```

```
04      const MAX = Number.MAX_SAFE_INTEGER;
05
06      let numbers: number[] = [3, 8, 5, 2, 4, 10, 6];
07
08      // 筛选出大于前一个元素且小于后一个元素的值
09      let filteredNumbers = numbers.filter((element, index, array) => {
10          // 确保不会在比较时越界
11          let prevElement = index > 0 ? array[index - 1] : MIN;
12          let nextElement = index < array.length - 1 ? array[index + 1] : MAX;
13
14          return element > prevElement && element < nextElement;
15      });
16
17      console.log(JSON.stringify(filteredNumbers));  // 输出：[3,4]
18  }
```

在这个例子中，箭头函数中的参数 element 代表数组中当前正在处理的元素，参数 index 代表当前元素的索引位置，参数 array 代表调用 filter 的整个原始数组。对于数组中的每个元素，我们首先确定其前一个元素 prevElement 和后一个元素 nextElement。为了避免在数组的开头和结尾处进行比较时越界，我们分别使用了 Number.MIN_SAFE_INTEGER 和 Number.MAX_SAFE_INTEGER 作为边界条件的比较值（第 10～12 行）。然后，我们检查当前元素是否大于其前一个元素并且小于其后一个元素（第 14 行）。

8.1.2 map

与 filter 类似，map 是数组的另外一个非常有用的高阶函数，它允许用户对数组中的每个元素执行一个转换操作，并返回一个新的数组，这个新数组包含了原数组中每个元素经过转换函数处理后的结果。与 filter 一样，map 也不会修改原始数组，它返回的是一个全新的数组，反映了对原始元素应用回调函数后的结果。

与 filter 类似，map 的回调函数也可以接收三个参数，其中，第一个参数是必选的，表示数组中正在处理的当前元素；第二个参数和第三个参数都是可选的，分别表示正在处理的元素在数组中的索引，以及调用了 map 的数组本身。

先来看一个简单的示例。假设有一个包含数字的数组，我们想要创建一个新数组，其中每个元素都是原始数组元素的平方。示例代码如下：

```
function test() {
    let numbers: number[] = [1, 2, 3, 4];
    let squares: number[] = numbers.map(num => num * num);
    console.log(JSON.stringify(squares));  // 输出：[1,4,9,16]
}
```

在这个例子中，调用 map 遍历数组 numbers，并对每个元素执行一个函数，该函数返回当前元素的平方。然后，这些返回值组成一个新的数组 squares。

再来看一个示例。假设有一个学生对象数组，我们想要创建一个新数组，使其包含所有学生的分数加 10 后的结果（如果加 10 后超过 100，则返回 100）。示例代码如下：

```
interface Student {
    name: string;
    score: number;
}

function test() {
    const students: Student[] = [
        { name: "Bob", score: 70 },
        { name: "Charlie", score: 95 }
    ];

    const updatedScores = students.map((student): Student => ({
        name: student.name,
        score: student.score + 10 <= 100 ? student.score + 10 : 100
    }));

    // 输出：[{"name":"Bob","score":80},{"name":"Charlie","score":100}]
    console.log(JSON.stringify(updatedScores));
}
```

在这个例子中，调用 map 遍历数组 students，对每个元素应用箭头函数。这个箭头函数返回一个新的对象，该对象包含了原始学生对象的所有字段，但是分数被增加了 10 或修改为 100。因此，数组 updatedScores 包含了更新分数后的学生对象。

下面的示例展示了如何在调用 map 的同时使用回调函数的所有三个参数。想象我们正在实现一个电子商务网站的购物车功能，其中有一个商品数组，每个商品对象包括商品名称、数量和单价。我们的目标是利用 map 创建一个新数组，该数组包含每种商品的总价信息，同时展示该商品在购物车中的索引位置和购物车中商品的总数，以提供更丰富的购物体验信息。示例程序如代码清单 8-3 所示。

代码清单 8-3 Index.ets

```
01  interface Product {
02    name: string;
03    quantity: number;
04    price: number;
05  };
06
07  function test() {
08    const cart: Product[] = [
09      { name: "电脑", quantity: 2, price: 10000 },
```

```
10      { name: "手机", quantity: 3, price: 8000 },
11      { name: "平板", quantity: 1, price: 6500 },
12    ];
13
14    // 调用map生成包含每种商品总价信息的新数组
15    let cartSummary: string[] = cart.map((product, index, array) => {
16      let totalPrice = product.quantity * product.price;  // 计算总价
17      return `${index + 1}/${array.length} - ${product.name}: `
18        + `数量 ${product.quantity}, 总价 ${totalPrice}`;
19    });
20
21    for (let item of cartSummary) {
22      console.log(JSON.stringify(item));
23    }
24  }
```

单击“运行”按钮，HiLog 窗口中输出的结果如下：

```
"1/3 - 电脑: 数量2, 总价20000"
"2/3 - 手机: 数量3, 总价24000"
"3/3 - 平板: 数量1, 总价6500"
```

在这个例子中，接口 Product 定义了购物车中商品的结构，包含名称、数量和单价（第2～4行）。cart 是一个包含多个 Product 对象的数组，代表用户的购物车（第8～12行）。cartSummary 是通过调用 map 生成的，它包含了每种商品在购物车中的位置、购物车中商品的总数、商品名称、商品数量和该商品的总价，从而能够给用户提供关于他们购物车内容的详细概览（第14～19行）。

8.1.3 reduce

reduce 是一个非常强大的高阶函数，用于将数组中的所有元素归纳（或者说“减少”）为单个值。这个函数通过一个累计器（累积的结果）对数组中的每个元素从左到右依次执行一个用于“归纳”的回调函数，最终累积为一个值。reduce 可以用于执行许多数组操作，如求和、构建对象或数组、求最大值等，是处理数组数据时一个非常有用的工具。

reduce 可以接收两个参数，其中，第一个参数 callbackfn 是必选的，表示执行数组中每个值的回调函数。该回调函数可以接收以下 4 个参数。

- **accumulator**：必选，表示累计器累积回调的返回值。它是上一次调用回调函数时返回的累积值，或参数 initialValue 的值（如果提供了的话）。
- **currentValue**：必选，表示数组中正在处理的元素。
- **index**：可选，表示数组中正在处理的当前元素的索引。
- **array**：可选，表示调用 reduce 的数组本身。

reduce 的第二个参数 initialValue 是可选的，表示第一次调用回调函数时，该回调函数的第一个参数的值。如果提供了 initialValue，则从数组的第一个元素开始执行回调。如果没有提供 initialValue，则将使用数组的第一个元素作为 accumulator 的初始值，并从第二个元素开始执行回调。

先来看一个简单的示例。假设有一个数字数组，我们想要计算这些数字的总和。示例代码如下：

```
function test() {
    const numbers = [1, 2, 3, 4];
    const sum =
        numbers.reduce((accumulator, currentValue) => accumulator + currentValue, 0);
    console.log(sum.toString());  // 输出：10
}
```

在这个例子中，调用 reduce 遍历数组 numbers，将每个数字累加到 accumulator 中，其初始值为 0。每次迭代，accumulator 的值都是上次迭代回调函数返回的值，而 currentValue 则是数组中的当前元素。最终，reduce 返回累加的总和。计算过程如表 8-1 所示。

表 8-1 reduce 的调用过程

调用回调函数的次数	accumulator	currentValue	initialValue
第 0 次	0		0
第 1 次	0 + 1 = 1	1	
第 2 次	1 + 2 = 3	2	
第 3 次	3 + 3 = 6	3	
第 4 次	6 + 4 = 10	4	

在上面的示例中，不指定初始值 0 对应的参数也是可以的，因为如果没有提供初始值，数组的第一个元素将会被用作初始累加器 accumulator 的值，并且从第二个元素开始进行累加。对应的计算过程如表 8-2 所示。

表 8-2 reduce 的调用过程

调用回调函数的次数	accumulator	currentValue
第 0 次	1	
第 1 次	1 + 2 = 3	2
第 2 次	3 + 3 = 6	3
第 3 次	6 + 4 = 10	4

reduce 也可以用于更复杂的数据结构转换，比如将数组转换为 Map（见 8.4 节）。例如，假设有一个包含多个条目和数量的数组，我们想要将其转换为一个 Map，其中键是条目名称，值是对应的数量。示例程序如代码清单 8-4 所示。

代码清单 8-4 Index.ets

```
01  interface Product {
02    name: string;
```

```
03    quantity: number
04 };
05
06 function test() {
07    const items: Product[] = [
08       { name: 'Apple', quantity: 2 },
09       { name: 'Banana', quantity: 5 },
10       { name: 'Orange', quantity: 3 }
11    ];
12
13    const itemMap = items.reduce((accumulator, item) => {
14       accumulator[item.name] = item.quantity;
15       return accumulator;
16    }, new Map<string, number>());
17
18    // 输出: {"Apple":2,"Banana":5,"Orange":3}
19    console.log(JSON.stringify(itemMap));
20 }
```

在这个例子中，reduce 接收一个空 Map 作为其初始值。随着 reduce 遍历数组，它构建了一个新的 Map，其中包含每个条目的名称作为键，数量作为值。

8.1.4 forEach

高阶函数 forEach 用于遍历数组中的每个元素并对每个元素执行提供的回调函数。它不像 filter、map 或 reduce 那样返回一个新的数组或值，forEach 主要用于执行副作用操作，例如打印日志、修改外部变量的状态等。

forEach 的回调函数最多可以接收 3 个参数，其中，第一个参数是必选的，代表数组中正在处理的当前元素；第二个参数和第三个参数都是可选的，分别代表正在处理的当前元素的索引，以及调用 forEach 的数组本身。

假设有一个学生对象数组，我们想要打印出每个学生的名字和分数。使用 forEach 实现的示例程序如代码清单 8-5 所示。

代码清单 8-5 Index.ets

```
01 interface Student {
02    name: string;
03    score: number;
04 }
05
06 function test() {
07    const students: Student[] = [
08       { name: "Alice", score: 88 },
09       { name: "Bob", score: 92 },
10       { name: "Charlie", score: 90 },
11    ];
```

```
12
13    students.forEach(student => {
14      console.log(`${student.name}: ${student.score}`);
15    });
16 }
```

单击“运行”按钮，HiLog 窗口中输出的结果如下：

```
Alice: 88
Bob: 92
Charlie: 90
```

再来看一个示例：

```
function test() {
    let sum = 0;
    let numbers: number[] = [1, 2, 3, 4];

    numbers.forEach(value => {
        sum += value;
    });

    console.log(sum.toString());  // 输出：10
}
```

这个例子演示了如何使用 forEach 来累加数组中的数字。虽然这个特定的任务更适合使用 reduce，但它展示了 forEach 可以用来影响外部作用域的变量。

8.1.5 find

高阶函数 find 用于查找数组中满足提供的回调函数条件的第一个元素。一旦找到符合条件的元素，find 会立即返回该元素，而不会继续搜索数组的其余部分。如果没有找到符合条件的元素，则返回 undefined。

与 forEach 类似，find 的回调函数最多可以接收 3 个参数，其中，第一个参数是必选的，代表数组中正在处理的当前元素；第二个参数和第三个参数都是可选的，分别代表正在处理的当前元素的索引，以及调用 find 的数组本身。

假设有一个包含数字的数组，我们想找到第一个大于 11 的数字。示例代码如下：

```
function test() {
    const numbers: number[] = [7, 10, 12, 15, 20];
    const found = numbers.find(element => element > 11);
    if (found !== undefined) {
        console.log(found.toString());
    } else {
        console.log('没有找到符合条件的元素');
    }
}
```

在这个例子中，调用 find 遍历数组 numbers，并且使用一个箭头函数作为回调函数。该回调函数检查每个数字的值是否大于 11。一旦找到匹配的数字，find 立即返回该数字；如果遍历结束仍未找到匹配项，则返回 undefined。

再来看一个示例。假设有一个对象数组，每个对象代表一个员工，包括员工的 ID 和姓名。我们想要根据特定的 ID 找到一个员工。示例程序如代码清单 8-6 所示。

代码清单 8-6 Index.ets

```
01  interface Employee {
02     id: number;
03     name: string;
04  }
05
06  function test() {
07     let employees: Employee[] = [
08        { id: 1, name: "Alice" },
09        { id: 2, name: "Bob" },
10        { id: 3, name: "Charlie" },
11     ];
12
13     let foundEmployee = employees.find(employee => employee.id == 2);
14
15     // 输出：{"id":2,"name":"Bob"}
16     console.log(JSON.stringify(foundEmployee));
17  }
```

在这个例子中，调用 find 遍历数组 employees，并且使用一个箭头函数作为回调函数。该回调函数检查每个员工的 id 是否等于指定的 id。一旦找到匹配的员工，find 立即返回该员工对象；如果遍历结束仍未找到匹配项，则返回 undefined。

8.1.6 sort

高阶函数 sort 用于对数组的元素进行原地排序（直接修改原数组），并返回排序后的数组。sort 可以接收一个比较函数 compareFunction 作为参数，用于定义排序的具体方式。这个比较函数根据两个元素的比较结果来决定它们的排序顺序。如果不提供比较函数，sort 会默认将数组元素转换为字符串，并按照字符串的 Unicode 码进行排序。

比较函数 compareFunction 接收两个参数，通常称之为 a 和 b，并根据返回值确定排序顺序。

- 如果 compareFunction(a, b)的返回值小于 0，a 会排在 b 之前。
- 如果 compareFunction(a, b)的返回值等于 0，a 和 b 的相对位置不变。
- 如果 compareFunction(a, b)的返回值大于 0，b 会排在 a 之前。

先来看一个不指定比较函数的示例：

```
function test() {
   const fruits: string[] = ["Banana", "Orange", "Apple", "Mango"];
```

```
    fruits.sort();

    // 输出：["Apple","Banana","Mango","Orange"]
    console.log(JSON.stringify(fruits));
}
```

在上面的例子中，对一个字符串数组进行了字母顺序排序。

下面的示例通过指定比较函数对一个数字数组进行了升序排序：

```
function test() {
    const numbers: number[] = [4, 2, 5, 1, 3];
    numbers.sort((a, b) => a - b);
    console.log(JSON.stringify(numbers));  // 输出：[1,2,3,4,5]
}
```

在这个例子中，如果将比较函数中的(a, b)修改为(b, a)，或者将 a − b 修改为 b − a，就会对数字数组进行降序排序。

再来看一个对对象数组进行排序的示例。假设有一个对象数组，每个对象代表一个员工，包括员工的姓名和年龄。我们想根据员工的年龄进行排序。示例程序如代码清单 8-7 所示。

代码清单 8-7 Index.ets

```
01 interface Employee {
02   name: string;
03   age: number;
04 }
05
06 function test() {
07   const employees: Employee[] = [
08     { name: "Alice", age: 30 },
09     { name: "Bob", age: 25 },
10     { name: "Charlie", age: 28 }
11   ];
12
13   // 根据年龄升序排序
14   employees.sort((a, b) => a.age - b.age);
15   console.log(JSON.stringify(employees));
16 }
```

单击“运行”按钮，HiLog 窗口中输出的结果如下：

```
[{"name":"Bob","age":25},{"name":"Charlie","age":28},{"name":"Alice","age":30}]
```

在这个例子中，我们提供了一个比较函数来根据员工的年龄进行升序排序。

8.2 元组

元组是一种特殊的数组类型，它允许存储固定数量的元素，且这些元素的类型不必相同。

与普通数组相比，元组能够为每个位置的元素精确指定类型，这种特性在处理需要固定长度和多种数据类型的数组时非常有用。

元组的定义非常直观，通过指定每个元素的类型，我们可以定义一个元组类型的变量。

```
let userInfo: [string, number] = ['Alice', 30];
```

在这个示例中，userInfo 被定义为一个元组，它包含两个元素。第一个元素是一个字符串，用于存储用户的名字；第二个元素是一个数字，用于存储用户的年龄。这种方式非常适合存储和传递具有固定结构的数据。

查询元组中的元素与数组相同，**通过索引**即可访问。示例如下：

```
let userName = userInfo[0];  // 访问第一个元素，获取名字
let userAge = userInfo[1];  // 访问第二个元素，获取年龄
```

这两行代码分别访问了元组 userInfo 的第一个元素（索引为 0）和第二个元素（索引为 1），用于获取用户的名字和年龄。

通过索引还可以修改元组中的元素，只要保证新值的类型与元组中对应位置的类型一致即可。示例如下：

```
userInfo[1] = 31;  // 将年龄从 30 修改为 31
```

这个操作直接修改了元组 userInfo 中的第二个元素，即用户的年龄。注意，尝试将 userInfo[1] 修改为非数值会导致类型错误，因为 ArkTS 会检查赋值是否符合元组的类型定义。

ArkTS 允许在元组中定义可选元素和剩余元素，为元组提供了更大的灵活性。先来看一个元组中包含可选元素的示例：

```
let user: [string, number, boolean?] = ['Bob', 25];
user = ['Bob', 25, true];
```

在这个例子中，元组 user 的第三个元素是可选的，这意味着元组可以只包含名字和年龄，也可以包含名字、年龄和一个表示用户激活状态的布尔值。

再来看一个元组中包含剩余元素的示例：

```
let numbers: [number, ...string[]] = [1, 'one', 'two', 'three'];
```

在这个例子中，元组 numbers 的第一个元素是一个数字，后面跟随任意数量的字符串。这种方式非常适合当我们需要一个固定类型的元素，后面跟随一系列同类型的元素时使用。

8.3 Set

在 ArkTS 中，Set 是用于存储**唯一值**的无序集合。

创建一个 Set 非常容易。我们可以创建一个空 Set，或者使用一个数组作为参数来初始化一个包含元素的 Set。示例如下：

```
// 创建一个空 Set
const emptySet = new Set<string>();
```

```
// 使用数组初始化 Set
const numSet = new Set([1, 2, 3, 4, 5]);
```

在上述示例中，emptySet 是一个没有任何元素的空 Set。而 numSet 是通过传递一个数组[1, 2, 3, 4, 5]作为参数创建的。

JSON.stringify 无法将一个 Set 对象转换为 JSON 字符串。因此，如果想要输出 Set 中的所有元素，可以通过 Array.from 先将 Set 对象转换为数组，再使用 JSON.stringify 将该数组转换为 JSON 字符串。示例如下：

```
console.log(JSON.stringify(numSet));  // 输出：{}

console.log(JSON.stringify(Array.from(numSet)));  // 输出：[1,2,3,4,5]
```

当然，我们也可以使用 for-of 语句或调用 forEach 方法来遍历并输出 Set 中的所有元素。示例如下：

```
for(const num of numSet) {
    console.log(`${num}`);
}

numSet.forEach(num => {
    console.log(`${num}`);
});
```

向 Set 中添加元素可以使用 add 方法。需要注意的是，Set 中的元素是唯一的，如果尝试添加一个已存在的元素，Set 将不会发生任何改变。示例如下：

```
let fruits: Set<string> = new Set();
fruits.add('apple');
fruits.add('banana');
fruits.add('apple');  // 尝试再次添加'apple'
console.log(JSON.stringify(Array.from(fruits)));  // 输出：["apple","banana"]
```

在这个示例中，尽管我们尝试了两次添加'apple'，集合 fruits 中仍然只包含一个'apple'元素，因为 Set 自动保证了元素的唯一性。

使用 delete 方法可以从 Set 中删除一个元素。如果成功删除了元素，则返回 true；如果元素不存在，返回 false。示例如下：

```
fruits.delete('banana'); // 返回 true
console.log(JSON.stringify(Array.from(fruits)));  // 输出：["apple"]
```

虽然 Set 没有直接提供检索特定元素的方法（如通过索引访问），但我们可以使用 has 方法来检查集合中是否存在某个元素。示例如下：

```
if (fruits.has('apple')) {
    console.log('Apple is in the set');
} else {
    console.log('Apple is not in the set');
}
```

由于 Set 中的元素是唯一的，我们可以利用这一特性来去除数组中的重复元素。示例如下：

```
const numbers = [1, 2, 2, 3, 4, 4, 5];
const uniqueNumbers = new Set(numbers);

console.log(JSON.stringify(Array.from(uniqueNumbers)));  // 输出：[1,2,3,4,5]
```

8.4 Map

在 ArkTS 中，Map 是一种非常有用的数据结构，它用于**存储键值对**，其中每个键都是唯一的。

我们可以创建一个空 Map，或者使用一个二维数组作为参数来初始化一个包含元素的 Map。示例如下。

```
// 创建一个空 Map
const emptyMap = new Map<string, number>();

// 使用二维数组初始化 Map
const fruitMap = new Map<string, number>([
    ['apple', 2],
    ['banana', 3],
    ['cherry', 4]
]);
```

在这个例子中，emptyMap 是一个没有任何元素的空 Map，其中键是字符串类型，值是数值类型。而 fruitMap 是通过传递一个二维数组作为参数创建的，在创建时我们初始化了 3 个键值对：苹果的数量是 2，香蕉的数量是 3，樱桃的数量是 4。

与 Set 类似，JSON.stringify 也无法将一个 Map 对象转换为 JSON 字符串。因此，如果想要输出 Map 中的所有元素，可以通过 Array.from 先将 Map 对象转换为数组，再使用 JSON.stringify 将该数组转换为 JSON 字符串。示例如下：

```
// 输出：{}
console.log(JSON.stringify(fruitMap));

// 输出：[["apple",2],["banana",3],["cherry",4]]
console.log(JSON.stringify(Array.from(fruitMap)));
```

当然，我们也可以使用 for-of 语句或调用 forEach 方法来遍历并输出 Map 中的所有元素。示例如下：

```
for(const fruit of fruitMap) {
    console.log(`${fruit[0]}: ${fruit[1]}`);
}

fruitMap.forEach((value, key) => {
    console.log(`${key}: ${value}`);
});
```

在这个例子中，需要注意的是，forEach 的回调函数接收两个参数，分别表示当前键值对的

值和键，而不是键和值。

向 Map 中增加新元素或更新现有元素可以使用 set 方法。如果键不存在，set 将添加一个新的键值对；如果键已存在，set 将更新对应的值。示例如下：

```
fruitMap.set('orange', 5);  // 增加新元素
fruitMap.set('apple', 10);  // 更新现有元素
```

在这个例子中，我们首先使用 set 方法向 Map 中增加了一个新的键值对，键是'orange'，值是 5。然后，我们更新了'apple'的值，将其从 2 改为 10。

我们可以使用 delete 方法从 Map 中删除元素。该方法接收一个键作为参数，如果该键在 Map 中存在，则删除该键值对，并返回 true；如果键不存在，则返回 false。示例如下：

```
fruitMap.delete('banana');  // 键存在，删除成功，返回 true
fruitMap.delete('pear');  // 键不存在，删除失败，返回 false
```

我们可以使用 get 方法在 Map 中通过键查询值。如果 Map 中包含该键，方法 get 将返回对应的值；如果键不存在，则返回 undefined。示例如下：

```
const appleCount = fruitMap.get('apple');  // 查询元素
if (appleCount !== undefined) {
    console.log(appleCount.toString());  // 输出：10
}
```

在这个例子中，通过键'apple'查询其值，并将查询结果存储在变量 appleCount 中。由于我们之前将'apple'的值更新为了 10，所以这里输出的结果是 10。

8.5 Record

与 Map 类似，Record 也可以用于**存储键值对**。它们的主要区别如下。

- Map 可以存储任意类型的键值对，而 Record 的键只能是 string 或 number 类型。
- Map 不可以作为对象字面量的类型，而 Record 是可以的。
- Map 可以在运行时动态地添加、修改或删除键值对，而 Record 是不可以的。

考虑一个简单的示例，将一组字符串类型的省份名映射到另一组字符串类型的省会名。示例代码如下。

```
function test() {
    const provinceToCapital: Record<string, string> = {
        '江苏': '南京',
        '浙江': '杭州',
        '安徽': '合肥'
    };

    // 访问一个省的省会
    console.log(provinceToCapital['浙江']);  // 输出：杭州
}
```

在这个例子中，Record<string, string>表示一个对象字面量的类型，其中每个键值对的键是

一个表示省份名的字符串，值是一个表示省会名的字符串。这使得对于任何给定的省份，都可以很容易地查找到其省会。

8.6 ArkTS 容器类库

除了前面介绍的容器，ArkTS 的容器类库中还提供了多种容器。这些容器可分为线性和非线性两大类，每种容器都有自身的特性及使用场景，如表 8-3 所示。

表 8-3　ArkTS 容器类库中提供的各种容器

类　别	容　器	说　明
线性	ArrayList	用于构造动态数组
	List	用于构造单向链表
	LinkedList	用于构造双向链表
	Queue	用于构造单端队列
	Deque	用于构造双端队列
	Stack	用于构造栈
非线性	HashMap	用于构造基于哈希表的 Map
	HashSet	用于构造基于哈希表的 Set
	TreeMap	用于构造基于红黑树的 Map
	TreeSet	用于构造基于红黑树的 Set
	LightWeightMap	用于构造轻量级的 Map
	LightWeightSet	用于构造轻量级的 Set

在使用上述容器时，需要首先从'@kit.ArkTS'中导入相应的容器类。以 HashSet 为例，它的很多用法与前面介绍的 Set 是类似的。示例代码如下：

```
import { HashSet } from '@kit.ArkTS';

function test() {
    let fruits = new HashSet<string>();

    fruits.add('apple');
    fruits.add('banana');
    fruits.add('apple');  // 尝试再次添加'apple'

    for(const fruit of fruits) {
        console.log(`${fruit}`);
    }

    fruits.remove('banana');  // 返回 true
    console.log(JSON.stringify(Array.from(fruits)));  // 输出: ["apple"]
}
```

本章主要知识点

- ☐ 高阶函数在容器中的应用
- ☐ 元组
- ☐ Set
- ☐ Map
- ☐ Record

第 9 章

泛型

9

在 ArkTS 中，泛型也是一种十分重要的工具，为开发者提供了极大的灵活性和代码重用性。通过使用泛型，我们可以创建能够工作于多种数据类型的组件，而不必为每种数据类型编写重复的代码。这不仅使代码库更加简洁、易于维护，而且还增强了代码的类型安全性。

本章将深入探索 ArkTS 中泛型的强大功能，包括泛型函数、泛型类和泛型接口。我们将从泛型的基本概念开始，了解什么是泛型，以及如何使用泛型来编写灵活且可重用的代码。通过泛型，开发者可以定义通用的函数、类和接口，这些组件可以安全地操作任何指定的类型。通过本章的学习，你将学会利用泛型来提高代码的可维护性和减少重复，并充分理解泛型如何使得 ArkTS 代码更加灵活和强大。

9.1 概述

在 ArkTS 中，泛型指的是参数化类型。参数化类型是在定义时未知但需要在使用时指定的类型。无论是函数定义还是类型定义，都可以采用泛型形式。

典型的泛型示例就是表示数组的 Array<T>类型。例如，当使用数组存储一系列单一元素类型的数据时，存储的系列数据本身可能是各种类型的：如果存储一组分数，那么数据是 number 类型的；如果存储一份名单，那么数据是 string 类型的；等等。在用数组存储数据时，我们想让数组可以存放各种不同类型的数据，但是只有到使用时才能知道具体是哪种类型，并且不需要定义所有类型的数组。因此 ArkTS 将数组定义为 Array<T>，其中的 T 可以是任意类型，这样就允许我们在使用 Array<T>时才为其指定明确的类型。总之，通过使用 Array<T>，我们可以创建各种不同类型的数组，而不必为每种类型都创建一个新的数组类型。

理解泛型（参数化类型）类似于理解函数参数。

- 对于函数，在**定义函数**时使用**形参**作为占位符，在**调用函数**时给形参传递相应的**实参**。
- 对于泛型函数或泛型类型，在**定义泛型函数或泛型类型**时，使用类型标识符（类型形参）来表示未知的类型，在**调用泛型函数或实例化泛型类型**时，为类型标识符传递具体的类型（类型实参）。

例如，为 Array<T>中的类型形参 T 传递类型实参 number 并创建一个实例：

```
function test() {
    let array = Array<number>(1, 2, 3);
}
```

在 Array<T>的定义中，用于指定类型的 T 被称作**类型形参**，它必须是一个合法的标识符，一般使用 T（因为 type 的首字符为 t），当然也可以选择其他标识符。例如 Map<K, V>中就分别使用 K 和 V 作为键和值的类型形参。类型形参在声明时放在类型名称或函数名称之后，使用一对尖括号"<>"括起来，多个类型形参之间以逗号作为分隔符。

9.2 泛型函数

如果一个函数定义了一到多个类型形参，则将该函数称为*泛型函数*。在定义泛型函数时，只需要在函数名后使用尖括号定义类型形参列表，然后就可以在函数形参的类型、返回类型或函数体中对定义的类型形参进行引用了。示例如下：

```
function filterByCondition<T>(array: T[], condition: (value: T) => boolean): T[] {
    const filteredArray: T[] = [];  // 创建一个同类型的空数组来存放过滤后的元素

    // 遍历传入的数组
    for (const item of array) {
        // 调用条件函数，并检查当前元素是否满足条件
        if (condition(item)) {
            filteredArray.push(item);  // 如果满足条件，将元素添加到过滤后的数组中
        }
    }

    return filteredArray;  // 返回过滤后的数组
}
```

在以上示例中，定义了一个泛型函数 filterByCondition，它接受一个数组和一个表示过滤条件的函数，并根据该函数过滤数组的元素。其中，尖括号中的 T 是类型形参，我们在函数形参的类型、返回类型以及函数体中都对 T 进行了引用。

在调用泛型函数时，每一个类型形参都必须获得具体的类型实参。类型形参获得类型实参的方式通常有如下两种。

- 在代码中显式指明类型实参。
- 缺省类型实参，交由编译器自动推断。

接下来，对定义的泛型函数 filterByCondition 进行调用。示例程序如代码清单 9-1 所示。

代码清单 9-1 Index.ets

```
01 function filterByCondition<T>(array: T[], condition: (value: T) => boolean): T[] {
02     const filteredArray: T[] = [];  // 创建一个同类型的空数组来存放过滤后的元素
03     // 遍历传入的数组
04     for (const item of array) {
```

```
05          // 调用条件函数，并检查当前元素是否满足条件
06          if (condition(item)) {
07             filteredArray.push(item);  // 如果满足条件，将元素添加到过滤后的数组中
08          }
09       }
10       return filteredArray;  // 返回过滤后的数组
11    }
12
13    function test() {
14       const words = ['apple', 'banana', 'cherry'];
15       // 显式指明类型实参
16       const longWords = filterByCondition<string>(words, word => word.length > 5);
17       console.log(JSON.stringify(longWords));  // 输出：["banana","cherry"]
18
19       const numbers = [1, 2, 3, 4, 5];
20       // 缺省类型实参，交由编译器自动推断
21       const evenNumbers = filterByCondition(numbers, num => num % 2 === 0);
22       console.log(JSON.stringify(evenNumbers));  // 输出：[2, 4]
23    }
24
25    // 其他代码略
26    .onClick((event: ClickEvent) => {
27       test();
28    }
```

在函数 test 中，调用了泛型函数 filterByCondition 两次，第 1 次调用时显式指明了类型实参为 string（第 16 行），第 2 次调用时缺省了类型实参，交由编译器自动推断，编译器根据 numbers 的类型推断出类型实参为 number（第 21 行）。

在定义泛型函数时，可以为类型形参 T 设置**默认类型**，其语法格式如下：

```
T = 默认类型
```

设置默认类型后，如果在调用泛型函数时缺省类型实参，那么类型实参到底是通过自动推断而得出还是使用默认类型，取决于自动推断是否成功。如果自动推断成功，则推断出的类型实参会覆盖默认类型；如果自动推断失败，则使用默认类型。示例如下：

```
function processData<T = string>(data?: T): T {
    return data as T;
}

function test() {
    const result1 = processData(42);  // 推断出类型实参为 number，覆盖了默认类型 string
    console.log(result1.toString())  // 输出：42

    const result2 = processData();  // 无法推断出类型实参，使用默认类型 string
    console.log(result2)  // 输出：undefined
}
```

在以上示例程序中，为泛型函数 processData 的类型形参 T 设置了默认类型 string。在函数 test 中，调用了函数 processData 两次，第 1 次调用时编译器根据实参 42 推断出类型实参为 number，因此 number 覆盖了默认类型 string；第 2 次调用时编译器无法推断出类型实参，因此使用默认类型 string。

在定义泛型函数时，可以为类型形参指定*泛型约束*，以明确类型形参所具备的操作与能力。指定泛型约束后，类型形参获得的类型实参必须满足泛型约束。为类型形参 T 指定泛型约束的语法格式可以如下：

```
T extends 约束类型
```

其中，约束类型可以是基本类型、接口、类等。当约束类型为某个基本类型时，T 必须是该基本类型；当约束类型为某个接口时，T 必须至少包含该接口中定义的所有字段、属性和方法；当约束类型为某个类时，T 必须是该类或其子类。

接下来修改上面定义的泛型函数 filterByCondition，将泛型形参 T 的约束类型指定为基本类型 string。修改后的代码如下所示：

```
function filterByCondition<T extends string>(
    array: T[], condition: (value: T) => boolean
): T[] {
    const filteredArray: T[] = [];
    for (const item of array) {
        if (condition(item)) {
            filteredArray.push(item);
        }
    }
    return filteredArray;
}
```

在调用时，类型实参必须是 string，否则将导致编译错误。示例如下：

```
function test() {
    const words = ['apple', 'banana', 'cherry'];
    const longWords = filterByCondition<string>(words, word => word.length > 5);
    console.log(JSON.stringify(longWords));  // 输出：["banana","cherry"]

    const numbers = [1, 2, 3, 4, 5];
    // 编译错误，类型实参 number 不满足泛型约束
    const evenNumbers = filterByCondition<number>(numbers, num => num % 2 === 0);
    console.log(JSON.stringify(evenNumbers));
}

// 其他代码略
.onClick((event: ClickEvent) => {
    test();
}
```

在调用时，尽管类型实参必须是 string，但我们仍然可以将函数 filterByCondition 定义为泛型函数。与普通的非泛型函数相比，泛型函数更容易扩展。如果以后需求发生变化了，需要处理更广泛的数据类型，我们可以通过修改泛型约束来扩展函数的功能，而无须重写函数的核心逻辑。

继续修改泛型函数 filterByCondition，将泛型形参 T 的约束类型指定为某个接口。修改后的代码如代码清单 9-2 所示。

代码清单 9-2 Index.ets

```
01  interface Identifiable {
02     id: number;
03  }
04
05  // Person 类中包含字段 id
06  class Person {
07     id: number = 0;
08     name: string = '';
09  }
10
11  function filterByCondition<T extends Identifiable>(
12     array: T[], condition: (value: T) => boolean
13  ): T[] {
14     const filteredArray: T[] = [];
15     for (const item of array) {
16        if (condition(item)) {
17           filteredArray.push(item);
18        }
19     }
20     return filteredArray;
21  }
22
23  function test() {
24     const personArray: Person[] = [
25        { id: 1, name: '小红' },
26        { id: 2, name: '小兰' },
27        { id: 3, name: '小灰' }
28     ];
29
30     const filteredArray = filterByCondition(personArray, item => item.id > 1);
31
32     // 输出：[{"id":2,"name":"小兰"},{"id":3,"name":"小灰"}]
33     console.log(JSON.stringify(filteredArray));
34  }
35
36  // 其他代码略
37  .onClick((event: ClickEvent) => {
```

```
38      test();
39  }
```

在调用时，类型实参必须至少包含接口 Identifiable 中定义的字段 id。在函数 test 中调用函数 filterByCondition 时，编译器根据参数 personArray 的类型自动推断出类型实参为 Person（第 30 行），而 Person 类中包含字段 id（第 7 行）。

如果需要**为同一个泛型形参 T 同时添加多个接口类型的约束**，那么我们必须首先让另外一个接口 I 同时继承这些接口，然后再将 T 的约束类型指定为 I。示例程序如代码清单 9-3 所示。

代码清单 9-3　Index.ets

```
01  interface Serializable {
02     serialize(): string;
03  }
04
05  interface Loggable {
06     log(): void;
07  }
08
09  interface SerializableLoggable extends Serializable, Loggable {}
10
11  class MyClass implements SerializableLoggable {
12     // 实现接口 Serializable 的方法
13     serialize(): string {
14        return 'MyClass Serialized Data';
15     }
16
17     // 实现接口 Loggable 的方法
18     log(): void {
19        console.log('Logging from MyClass');
20     }
21  }
22
23  function process<T extends SerializableLoggable>(item: T): void {
24     console.log(item.serialize());
25     item.log();
26  }
27
28  function test() {
29     const myClass = new MyClass();
30     process(myClass);  // 这将调用 myClass 的方法 serialize 和方法 log
31  }
32
33  // 其他代码略
34  .onClick((event: ClickEvent) => {
35     test();
36  }
```

在以上示例程序中，接口 SerializableLoggable 同时继承了接口 Serializable 和 Loggable（第 9 行），并且 MyClass 类实现了接口 SerializableLoggable（第 11～21 行）。由于 MyClass 满足了泛型函数 process 对类型参数 T 的约束，因此在调用泛型函数 process 时可以将 myClass 指定为实参。

单击“运行”按钮，HiLog 窗口中输出的结果如下：

```
MyClass Serialized Data
Logging from MyClass
```

对于多个类型形参 T、U，它们的约束类型可以用逗号隔开，例如，T extends 约束类型 1, U extends 约束类型 2。示例程序如代码清单 9-4 所示。

代码清单 9-4 Index.ets

```
01  function combineArrays<T extends number, U extends string>(
02     numbers: T[],  // 参数 numbers 是一个 T 类型的数组，T 必须是 number 类型
03     strings: U[]  // 参数 strings 是一个 U 类型的数组，U 必须是 string 类型
04  ): [T, U][] {  // 函数返回一个元组数组，每个元组包含一个 T 类型和一个 U 类型的元素
05     // 计算两个输入数组中长度较小的一个，确保在组合时不会超出任一数组的长度
06     const minLength = Math.min(numbers.length, strings.length);
07     const result: [T, U][] = [];  // 初始化结果数组，它将包含元素类型为[T, U]的元组
08
09     // 使用 for 循环遍历到最小长度的元素
10     for (let i = 0; i < minLength; i++) {
11        // 将当前索引的数字和字符串组合为一个元组，并存储到结果数组中
12        result.push([numbers[i], strings[i]]);
13     }
14
15     return result;  // 返回包含组合元组的结果数组
16  }
17
18  function test() {
19     const numberArray = [1, 2, 3];
20     const stringArray = ['one', 'two', 'three'];
21
22     const combinedArray = combineArrays(numberArray, stringArray);
23
24     // 输出：[[1, "one"], [2, "two"], [3, "three"]]
25     console.log(JSON.stringify(combinedArray));
26  }
27
28  // 其他代码略
29  .onClick((event: ClickEvent) => {
30     test();
31  }
```

在以上示例程序中，定义了一个泛型函数 combineArrays，用于将一个数值数组和一个字符

串数组合并为一个元组数组，每个元组包含一个数值和一个字符串（第 1～16 行）。类型形参 T 和 U 分别被约束为 number 和 string 类型。

9.3 泛型类型

泛型提供了一种方法来确保类、接口等可以在不牺牲类型安全的前提下工作于任何类型。通过引入*泛型类型*，ArkTS 允许开发者定义灵活且可重用的组件，这些组件可以适应任何类型，从而大大增加了代码的灵活性和可用性。

在本节中，我们将专注于两种重要的泛型类型：*泛型类*和*泛型接口*。通过深入探讨泛型类和泛型接口，你将了解如何在 ArkTS 中有效利用泛型来构建灵活且类型安全的代码结构。

9.3.1 泛型类

如果一个类定义了一个或多个类型形参，则将该类称为*泛型类*。在定义泛型类时，只需要在类名后使用尖括号定义类型形参列表，然后就可以在类中对定义的类型形参进行引用了。示例如下：

```
class KeyValuePair<K, V> {
    key: K;
    value: V;

    constructor(key: K, value: V) {
        this.key = key;
        this.value = value;
    }
}
```

在以上示例代码中，我们定义了一个泛型类 KeyValuePair，用来表示键值对。该类定义了两个类型形参 K 和 V，分别表示键的类型和值的类型。

在实例化泛型类时，每一个类型形参都必须获得具体的类型实参。与泛型函数类似，类型形参获得类型实参的方式通常有以下两种。

- 在代码中显式指明类型实参。
- 缺省类型实参，交由编译器自动推断。

接下来，对定义的泛型类 KeyValuePair 进行实例化：

```
function test() {
    // 显式指明类型实参
    const pair1 = new KeyValuePair<string, number>('语文', 98)
    console.log(`pair1: key = ${pair1.key}, value = ${pair1.value}`)

    // 缺省类型实参，交由编译器自动推断
    let pair2 = new KeyValuePair('数学', 100)
    console.log(`pair2: key = ${pair2.key}, value = ${pair2.value}`)
```

```
}

// 其他代码略
.onClick((event: ClickEvent) => {
    test();
}
```

在函数 test 中，对 KeyValuePair 类进行了两次实例化。第 1 次实例化时，显式指明了类型实参分别为 string 和 number。第 2 次实例化时缺省了类型实参，而是交由编译器自动推断，编译器根据'数学'和 100 推断出类型形参 K 和 V 获得的类型实参分别是 string 和 number。

单击“运行”按钮，HiLog 窗口中输出的结果如下：

```
pair1: key = 语文, value = 98
pair2: key = 数学, value = 100
```

在定义泛型类时，与泛型函数类似，我们可以为类型形参**设置默认类型**。示例如下：

```
class Box<T = string> {
    content: T;

    constructor(content?: T) {
        this.content = content as T;
    }
}

function test() {
    const box1 = new Box(18);  // 推断出类型实参为 number，覆盖了默认类型 string
    console.log(box1.content.toString())  // 输出: 18

    const box2 = new Box();  // 无法推断出类型实参，使用默认类型 string
    console.log(box2.content)  // 输出: undefined
}

// 其他代码略
.onClick((event: ClickEvent) => {
    test();
}
```

在以上示例程序中，为泛型类 Box 的类型形参 T 设置了默认类型 string。在函数 test 中，对 Box 类进行了两次实例化，第 1 次实例化时，编译器根据实参 18 推断出类型实参为 number，因此 number 覆盖了默认类型 string；第 2 次实例化时，编译器无法推断出类型实参，因此使用默认类型 string。

在定义泛型类时，与泛型函数类似，可以为类型形参指定**泛型约束**。接下来修改上面定义的泛型类 KeyValuePair，示例程序如代码清单 9-5 所示。

代码清单 9-5 Index.ets

```
01 interface Identifiable {
02    id: number;
03 }
04
05 interface Serializable {
06    serialize(): string;
07 }
08
09 class User implements Serializable {
10    username: string;
11    age: number;
12
13    constructor(username: string, age: number) {
14       this.username = username;
15       this.age = age;
16    }
17
18    serialize(): string {
19       return JSON.stringify({ username: this.username, age: this.age });
20    }
21 }
22
23 class KeyValuePair<K extends Identifiable, V extends Serializable> {
24    key: K;
25    value: V;
26
27    constructor(key: K, value: V) {
28       this.key = key;
29       this.value = value;
30    }
31 }
32
33 function test() {
34    const key: Identifiable = { id: 5 };
35    const value = new User('Jerry', 18);
36    const pair = new KeyValuePair(key, value);
37    console.log(JSON.stringify(pair.key));
38    console.log(pair.value.serialize());
39 }
40
41 // 其他代码略
42 .onClick((event: ClickEvent) => {
43    test();
44 }
```

在以上示例程序中，泛型类 KeyValuePair 中的泛型形参 K 和 V 分别指定了泛型约束（第

23 行）。K 被约束为接口 Identifiable 类型，这意味着类 KeyValuePair 中的属性 key 必须包含一个 number 类型的字段 id。V 被约束为接口 Serializable 类型，这意味着类 KeyValuePair 中的字段 value 必须包含一个返回类型为 string 的方法 serialize。在函数 test 中，创建了一个符合接口 Identifiable 的对象字面量作为 key（第 34 行），并且创建了一个符合接口 Serializable 的 User 对象作为 value（第 35 行），然后使用 key 和 value 创建了一个 KeyValuePair 的对象 pair（第 36 行），最后输出了 pair.key 的 JSON 字符串表示（第 37 行），并且调用 pair.value 的方法 serialize 输出了 value 的序列化形式（第 38 行）。

单击“运行”按钮，HiLog 窗口中输出的结果如下：

```
{"id":5}
{"username":"Jerry","age":18}
```

当泛型类作为父类时，如果子类是非泛型类，那么在定义子类时必须为父类的每一个类型形参传递类型实参，否则会引发编译错误。示例如下：

```
class KeyValuePair<K, V> {
    key: K;
    value: V;

    constructor(key: K, value: V) {
        this.key = key;
        this.value = value;
    }
}

class CityProvincePair extends KeyValuePair<string, string> {
    constructor(city: string, province: string) {
        super(city, province);
    }

    printCityProvince() {
        console.log(`city = ${this.key}, province = ${this.value}`);
    }
}

function test() {
    const pair = new CityProvincePair('南京', '江苏省');
    pair.printCityProvince();  // 输出：city = 南京, province = 江苏省
}

// 其他代码略
.onClick((event: ClickEvent) => {
    test();
}
```

在以上示例程序中，非泛型类 CityProvincePair 继承了泛型类 KeyValuePair。在定义子类

CityProvincePair 时，必须为父类 KeyValuePair 的每一个类型形参传递类型实参。

当泛型类作为父类时，如果子类也是泛型类，则在定义子类时不必传入类型实参。子类使用的类型形参标识符也不必和父类一样，但是子类的类型形参个数要和父类保持一致。在实例化子类时，类型形参必须要获得类型实参。示例如下：

```
class KeyValuePair<K, V> {
    key: K;
    value: V;

    constructor(key: K, value: V) {
        this.key = key;
        this.value = value;
    }
}

class MyPair<U, V> extends KeyValuePair<U, V> {
    constructor(myKey: U, myValue: V) {
        super(myKey, myValue);
    }

    printMyKeyValue() {
        console.log(`myKey = ${this.key}, myValue = ${this.value}`);
    }
}

function test() {
    // 显式指明了类型实参
    const myPair1 = new MyPair<string, string>('爱好', '乒乓球');
    myPair1.printMyKeyValue();  // 输出: myKey = 爱好, myValue = 乒乓球

    // 缺省类型实参，交由编译器自动推断
    let myPair2 = new MyPair('年龄', 18);
    myPair2.printMyKeyValue();  // 输出: myKey = 年龄, myValue = 18
}

// 其他代码略
.onClick((event: ClickEvent) => {
    test();
})
```

在以上示例程序中，泛型类 MyPair 继承了泛型类 KeyValuePair。在定义子类 MyPair 时，使用的类型形参标识符是 U 和 V，而父类 KeyValuePair 的类型形参标识符是 K 和 V。在函数 test 中实例化 MyPair 的对象时，类型形参必须要获得类型实参。

9.3.2 泛型接口

如果一个接口定义了一个或多个类型形参，则将该接口称为*泛型接口*。在定义泛型接口时，

只需要在接口名后使用尖括号定义类型形参列表，然后就可以在接口中对定义的类型形参进行引用了。示例如下：

```
interface Equatable<T> {
    equals(other: T): boolean;
}
```

在以上示例中，定义了一个泛型接口 Equatable，用来表示两个 T 类型的实例是可以判等的。该接口中定义了一个方法 equals，用来指定两个 T 类型的实例进行判等的规则。

在定义泛型接口时，与泛型函数和泛型类是类似的，可以**为类型形参设置默认类型或指定泛型约束**。以指定泛型约束为例，修改上面定义的泛型接口 Equatable，代码如下：

```
interface Identifiable {
    id: number;
}

interface Equatable<T extends Identifiable> {
    equals(other: T): boolean;
}
```

当非泛型类型实现或继承泛型接口时，每个类型形参都要获得具体的类型实参。示例程序如代码清单 9-6 所示。

代码清单 9-6 Index.ets

```
01  interface Identifiable {
02     id: number;
03  }
04
05  interface Equatable<T extends Identifiable> {
06     equals(other: T): boolean;
07  }
08
09  class Person implements Equatable<Person> {
10     id: number;
11     name: string;
12
13     constructor(id: number, name: string) {
14        this.id = id;
15        this.name = name;
16     }
17
18     // 判断当前 Person 对象与 other 指定的 Person 对象是否相等
19     equals(other: Person): boolean {
20        return this.id == other.id;
21     }
22  }
23
```

```
24  function test() {
25     const person1 = new Person(3, 'Jerry');
26     const person2 = new Person(3, 'Mike');
27     console.log(person1.equals(person2).toString());  // 输出：true
28  }
29
30  // 其他代码略
31  .onClick((event: ClickEvent) => {
32     test();
33  })
```

在以上示例程序中，我们定义了一个非泛型的 Person 类，并且实现了泛型接口 Equatable（第 9～22 行）。该接口中的类型形参获得了具体的类型实参 Person（第 9 行）。在 Person 类中，我们实现了泛型接口 Equatable 中定义的方法 equals，从而指定了两个 Person 对象判等的规则。只要两个 Person 对象的字段 id 是相等的，则认为它们是相等的。在函数 test 中，首先创建了两个 Person 对象 person1 和 person2，然后调用方法 equals 来判断 person1 和 person2 是否是相等的（第 25～27 行）。

当泛型类型实现或继承泛型接口时，泛型接口中的类型形参无须获得类型实参。示例程序如代码清单 9-7 所示。

代码清单 9-7 Index.ets

```
01  interface Identifiable {
02     id: number;
03  }
04
05  interface Equatable<T extends Identifiable> {
06     equals(other: T): boolean;
07  }
08
09  interface Comparable<T extends Identifiable> extends Equatable<T> {
10     // 判断当前实例是否不等于 other 指定的实例
11     notEquals(other: T): boolean;
12
13     // 判断当前实例是否小于 other 指定的实例
14     lessThan(other: T): boolean;
15
16     // 判断当前实例是否小于等于 other 指定的实例
17     lessThanOrEquals(other: T): boolean;
18
19     // 判断当前实例是否大于 other 指定的实例
20     greaterThan(other: T): boolean;
21
22     // 判断当前实例是否大于等于 other 指定的实例
23     greaterThanOrEquals(other: T): boolean;
24  }
```

```
25
26  class Person implements Comparable<Person> {
27     id: number;
28     name: string;
29
30     constructor(id: number, name: string) {
31        this.id = id;
32        this.name = name;
33     }
34
35     // 实现接口 Equatable 中的方法 equals
36     equals(other: Person): boolean {
37        return this.id == other.id;
38     }
39
40     // 实现接口 Comparable 中的方法 notEquals
41     notEquals(other: Person): boolean {
42        return !this.equals(other);
43     }
44
45     // 实现接口 Comparable 中的方法 lessThan
46     lessThan(other: Person): boolean {
47        return this.id < other.id;
48     }
49
50     // 实现接口 Comparable 中的方法 lessThanOrEquals
51     lessThanOrEquals(other: Person): boolean {
52        return this.id <= other.id;
53     }
54
55     // 实现接口 Comparable 中的方法 greaterThan
56     greaterThan(other: Person): boolean {
57        return this.id > other.id;
58     }
59
60     // 实现接口 Comparable 中的方法 greaterThanOrEquals
61     greaterThanOrEquals(other: Person): boolean {
62        return this.id >= other.id;
63     }
64  }
65
66  function test() {
67     const person1 = new Person(3, 'Jerry');
68     const person2 = new Person(5, 'Mike');
69     console.log(person1.equals(person2).toString());  // 输出：false
70     console.log(person1.notEquals(person2).toString());  // 输出：true
71     console.log(person1.lessThan(person2).toString());  // 输出：true
```

```
72     console.log(person1.lessThanOrEquals(person2).toString());  // 输出: true
73     console.log(person1.greaterThan(person2).toString());  // 输出: false
74     console.log(person1.greaterThanOrEquals(person2).toString());  // 输出: false
75 }
76
77 // 其他代码略
78 .onClick((event: ClickEvent) => {
79     test();
80 }
```

在以上示例程序中，泛型接口 Comparable 继承了泛型接口 Equatable。我们并没有为 Equatable 中的类型形参传入类型实参（第 9 行）。Comparable 在 Equatable 的基础上添加了几个方法，分别用于判断不等于、小于、小于等于、大于和大于等于。接下来，非泛型类 Person 实现了泛型接口 Comparable，并且实现了 Equatable 和 Comparable 中定义的所有方法，从而使得任意两个 Person 对象都可以判断大小关系。在函数 test 中，首先创建了两个 Person 对象 person1 和 person2，然后调用所有可用的方法来判断 person1 和 person2 的大小关系。

本章主要知识点

- □ 泛型的概念
- □ 泛型函数
- □ 泛型类型
  - ■ 泛型类
  - ■ 泛型接口

第 10 章

导出和导入

10

在构建现代应用程序时，有效地组织和模块化代码是至关重要的。随着应用程序代码的增长，应用程序变得越来越复杂，合理地管理代码之间的依赖关系对于保持项目的可维护性和可扩展性变得尤为重要。ArkTS 提供了强大的模块系统，允许开发者通过导出和导入机制清晰地定义模块间的依赖关系和交互方式。

本章将深入探讨 ArkTS 中导出和导入的相关知识。通过本章的学习，你将获得在 ArkTS 项目中有效管理模块和依赖的知识和技能。

10.1 顶层声明的默认可见性

在 ArkTS 中，默认情况下一个 ets 文件中的所有顶层声明（变量、函数、类、接口等）在其他 ets 文件中是不可见的。例如，在工程的目录 ets 中新建一个文件 Test.ets，如图 10-1 所示。

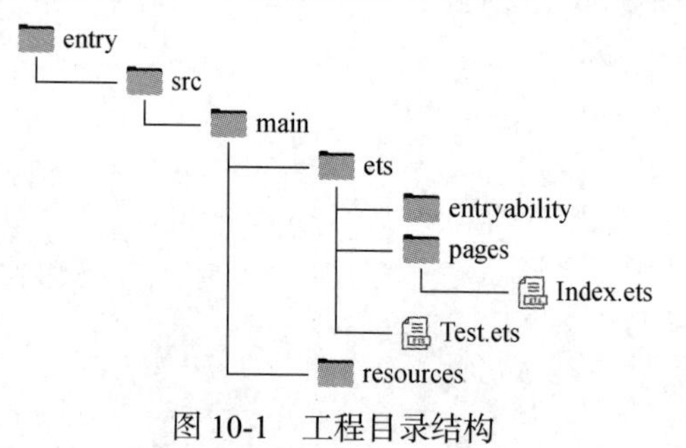

图 10-1 工程目录结构

然后，在该文件中创建如下几个顶层声明：

```
const counter: number = 0;

function printHello() {
    console.log('Hello');
}

class Person {
    name: string;
```

```
    age: number;

    constructor(name: string, age: number) {
        this.name = name;
        this.age = age;
    }
}

interface Identifiable {
    id: number;
}
```

接下来，打开目录 pages 中的文件 Index.ets，在函数 test 中试图访问以上顶层声明，都会导致编译错误，如下所示：

```
function test() {
    console.log(counter.toString());  // 编译错误
    printHello();  // 编译错误
    const person = new Person('Jerry', 18);  // 编译错误
    const identifiable: Identifiable = { id:  3 };  // 编译错误
}
```

10.2 顶层声明的导出和导入

如果想要在一个 ets 文件中访问另一个 ets 文件的顶层声明，就必须使用关键字 export 显式地导出这些顶层声明，然后在其他 ets 文件中使用 import 语句来导入它们。包含 export 语句或 import 语句的 ets 文件，被视为一个模块。

对于 10.1 节中创建的顶层声明，我们使用关键字 export 将它们全部导出。修改后的代码如代码清单 10-1 所示。

代码清单 10-1 Test.ets

```
01  export const counter: number = 0;
02
03  export function printHello() {
04      console.log('Hello');
05  }
06
07  export class Person {
08      name: string;
09      age: number;
10
11      constructor(name: string, age: number) {
12          this.name = name;
13          this.age = age;
14      }
15  }
```

```
16
17  export interface Identifiable {
18     id: number;
19  }
```

然后，在文件 Index.ets 中使用 import 语句将导出的所有顶层声明全部导入。这样，就可以在该文件中访问导入的顶层声明了。需要注意的是，import 语句必须位于 ets 文件的最前面，也就是说，import 语句的前面不能有任何非 import 语句。修改后的代码如代码清单 10-2 所示。

代码清单 10-2 Index.ets

```
01  import { counter, printHello, Person, Identifiable } from '../Test';
02
03  function test() {
04     console.log(counter.toString());  // 输出：0
05
06     printHello();  // 输出：Hello
07
08     const person = new Person('Jerry', 18);
09     console.log(JSON.stringify(person));  // 输出：{"name":"Jerry","age":18}
10
11     const identifiable: Identifiable = { id:  3 };
12     console.log(JSON.stringify(identifiable));  // 输出：{"id":3}
13  }
14
15  // 其他代码略
16  .onClick((event: ClickEvent) => {
17     test();
18  }
```

在以上示例代码中，import 语句的语法格式如下：

```
import { 顶层声明 1, 顶层声明 2, …… } from 模块的路径
```

模块的路径通常使用相对路径，其中，“.”表示当前目录，“..”表示上一级目录。

当导入不同模块中的同名顶层声明时，如果直接使用顶层声明的名称，会导致名称冲突。此时，可以使用 as 对导入的顶层声明进行重命名，对应的语法格式如下：

```
import { 顶层声明 as 新名称 } from 模块的路径
```

重命名之后，在当前模块中只能使用重命名后的新名称，而无法使用原名称。例如，修改上面的示例，代码如下所示：

```
import { counter, printHello, Person, Identifiable as Idable } from '../Test';

function test() {
    console.log(counter.toString());  // 输出：0

    printHello();  // 输出：Hello
```

```
    const person = new Person('Jerry', 18);
    console.log(JSON.stringify(person));  // 输出：{"name":"Jerry","age":18}

    // const identifiable: Identifiable = { id:  3 };  // 编译错误
    const identifiable: Idable = { id:  3 };
    console.log(JSON.stringify(identifiable));  // 输出：{"id":3}
}

// 其他代码略
```

为了简单起见，我们还可以使用“*”和“as”将指定模块中的所有顶层声明一次性全部导入，对应的语法格式如下：

```
import * as 模块的新名称 from 模块的路径
```

全部导入之后，在当前模块中只能使用**模块的新名称.顶层声明**的格式访问导入的顶层声明。例如，修改上面的示例，代码如下所示。

```
import * as Declarations from '../Test';

function test() {
    console.log(Declarations.counter.toString());  // 输出：0

    Declarations.printHello();  // 输出：Hello

    const person = new Declarations.Person('Jerry', 18);
    console.log(JSON.stringify(person));  // 输出：{"name":"Jerry","age":18}

    const identifiable: Declarations.Identifiable = { id:  3 };
    console.log(JSON.stringify(identifiable));  // 输出：{"id":3}
}
```

每个模块都可以使用关键字 export 和 default 默认导出一个顶层声明。在其他模块中导入该顶层声明的语法格式如下：

```
import 顶层声明的原名称或新名称 from 模块的路径
```

使用 import 语句对默认导出的顶层声明进行导入时，既可以使用顶层声明的原名称，也可以起一个新名称。需要注意的是，无论使用原名称还是新名称，都不能将其放在一对花括号中。例如，修改上面的示例，首先在 Test.ets 中将接口 Identifiable 默认导出：

```
export default interface Identifiable {
    id: number;
}
```

然后，在 Index.ets 中导入 Identifiable 并给它起一个新名称 Idable：

```
import { counter, printHello, Person } from '../Test';  // 删除了 Identifiable
import Idable from '../Test';

function test() {
```

```
    console.log(counter.toString());  // 输出：0

    printHello();  // 输出：Hello

    const person = new Person('Jerry', 18);
    console.log(JSON.stringify(person));  // 输出：{"name":"Jerry","age":18}

    const identifiable: Idable = { id:  3 };
    console.log(JSON.stringify(identifiable));  // 输出：{"id":3}
}

// 其他代码略
```

10.3 导入 SDK 的开放能力

在用鸿蒙 SDK 提供的开放能力（接口能力）时，我们需要先导入接口模块，然后就可以使用该模块内的所有接口能力了，例如：

```
import AbilityStage from '@ohos.app.ability.AbilityStage';
```

鸿蒙版本的 SDK 引入了 Kit 的概念。SDK 对同一个 Kit 下的接口模块进行了封装，因此，我们可以通过导入 Kit 的方式来使用 Kit 所包含的接口能力。通过导入 Kit 方式使用开放能力有以下 3 种方式。

1. 导入 Kit 下单个模块的接口能力

示例如下。

```
import { AbilityStage } from '@kit.AbilityKit';
```

2. 导入 Kit 下多个模块的接口能力

示例如下。

```
import { AbilityStage, UIExtensionAbility, Want } from '@kit.AbilityKit';
```

3. 导入 Kit 包含的所有模块的接口能力

示例如下。

```
import * as 所有模块的别名 from '@kit.AbilityKit';
```

需要注意的是，这种导入方式可能会导入过多无用的模块，导致编译后的 HAP 包较大，因此请谨慎使用。

本章主要知识点

- ☐ 顶层声明的默认可见性
- ☐ 顶层声明的导出和导入
- ☐ 导入 SDK 的开放能力